国家示范性高等职业院校建设规划教材

水工钢筋混凝土结构习题集

（修订版）

主　编　张　迪　郭旭东
主　审　王建伟

黄河水利出版社
·郑州·

内 容 提 要

本书是国家示范性高等职业院校建设规划教材。本书是根据高职高专水利类各专业人才培养的要求,在作者总结多年教学经验的基础上编写而成的,与黄河水利出版社出版的王建伟等主编《水工钢筋混凝土结构(第3版)》教材配套使用。本习题集选题具有鲜明的高职特色,突出对水工钢筋混凝土结构设计基本理论、构造知识和设计技能的掌握。

本书为高职高专水利类各专业水工钢筋混凝土结构课程的配套教材,也可作为成人教育的参考书。

图书在版编目(CIP)数据

水工钢筋混凝土结构习题集/张迪,郭旭东主编.
—郑州:黄河水利出版社,2015.8 (2022.7 修订版重印)

国家示范性高等职业院校建设规划教材

ISBN 978-7-5509-1210-6

Ⅰ.①水… Ⅱ.①张… ②郭… Ⅲ.①水工结构-钢筋混凝土结构-高等职业教育-习题集 Ⅳ.①TV332-44

中国版本图书馆 CIP 数据核字(2015)第198444号

组稿编辑:王路平 电话:0371-66022212 E-mail:hhslwlp@163.com

出 版 社:黄河水利出版社 网址:www.yrcp.com

地址:河南省郑州市顺河路黄委会综合楼14层 邮政编码:450003

发行单位:黄河水利出版社

发行部电话:0371-66026940、66020550、66028024、66022620(传真)

E-mail:hhslcbs@126.com

承印单位:河南育翼鑫印务有限公司

开本:787 mm×1 092 mm 1/16

印张:5

字数:120千字 印数:8 001—10 000

版次:2015年8月第1版 印次:2022年7月第4次印刷

2022年7月修订版

定价:15.00元

前 言

本书是根据《教育部关于全面提高高等职业教育教学质量的若干意见》(教高〔2006〕16号)、《教育部关于推进高等职业教育改革创新引领职业教育科学发展的若干意见》(教职成〔2011〕12号)等文件精神,在教育部高等学校高职高专水利水电工程专业教学指导委员会指导下组织编写完成的。

为了不断提高教材质量,编者于2022年7月,根据王建伟等主编的"十三五"职业教育国家规划教材《水工钢筋混凝土结构(第3版)》更新的内容,以及近年来在教学实践中发现的问题和错误,对全书进行了修订完善。

本套教材以学生能力培养为主线,以实际工程案例为载体,融"教、学、练、做"为一体,适合开展项目化教学,体现出实用性、实践性、创新性的教材特色,是一套紧密联系工程实际、教学面向生产的高职高专教育精品规划教材。

本习题集依据最新的《水工混凝土结构设计规范》(SL 191—2008)行业规范编写而成。与王建伟、郭遂安主编,黄河水利出版社出版的《水工钢筋混凝土结构》教材配套使用,其编写思想、内容体系与教材完全一致,以结构构件设计工作过程及内容为主线,包括结构设计基础知识、钢筋混凝土梁板设计、钢筋混凝土柱设计、肋形结构设计和渡槽结构设计五个学习项目的训练内容。

本习题集选题具有鲜明的高职特色,突出对水工钢筋混凝土结构设计基本理论、构造知识和设计技能的掌握,内容包括39道计算题、473道判断题和329道选择题等共计841道题,题量丰富,覆盖面广,难易适当,可供学生平时训练和考试复习使用。

本书由黄河水利职业技术学院承担编写工作,由张迪、郭旭东担任主编,王建伟教授担任主审。

由于编写时间仓促,习题内容及编排等不妥之处在所难免,恳请读者批评指正。

编 者

2022年7月

目 录

前 言
一、计算题 …………………………………………………………………… (1)
二、判断题 …………………………………………………………………… (26)
三、选择题 …………………………………………………………………… (42)

一、计算题

1. 某钢筋混凝土简支梁(2 级水工建筑物),其净跨 $l_n = 5.76$ m,计算跨度 $l_0 = 6.0$ m,截面尺寸 $b \times h = 250$ mm×500 mm;梁承受板传来的永久荷载标准值 $g_{1k} = 10$ kN/m,可变荷载标准值 $q_k = 12$ kN/m,跨中承受集中荷载标准值 $G_k = 22$ kN。求基本组合下跨中截面弯矩设计值、支座边缘截面剪力设计值。

2. 其他条件同计算题 1,求正常使用极限状态下跨中截面弯矩标准组合值。

3. 某 2 级建筑物的矩形截面梁，二类环境条件，计算跨度 $l_0 = 5\ 000$ mm，控制截面承受弯矩设计值 $M = 150$ kN · m，混凝土强度等级为 C25，HRB335 级钢筋。试确定梁的截面尺寸并计算受拉钢筋截面面积 A_s。

4. 某 3 级建筑物的现浇钢筋混凝土简支板，一类环境条件，计算跨度 $l_0 = 2\ 240$ mm，板上作用均布可变荷载标准值 $q_k = 2.3$ kN/m，水磨石地面及细石混凝土垫层厚度为 25 mm（重度为 22 kN/m^3），板底粉刷白灰浆厚度为 10 mm（重度为 17 kN/m^3），混凝土强度等级为 C20，HPB235 级钢筋。试确定板厚 h（必须满足 $h \geq l_0/35$）和受拉钢筋截面面积 A_s。

5. 已知矩形截面简支梁(2 级建筑物),截面尺寸 $b\times h=250\ \text{mm}\times 550\ \text{mm}$。一类环境条件,混凝土强度等级为 C20,HRB335 级钢筋,跨中承受弯矩设计值 $M=140\ \text{kN}\cdot\text{m}$。试计算受拉钢筋截面面积 A_s。

6. 已知某 2 级建筑物的矩形梁,一类环境条件,截面尺寸 $b\times h=250\ \text{mm}\times 600\ \text{mm}$,混凝土强度等级为 C20,HRB335 级钢筋,配置受拉钢筋为 4 Φ 20。试计算该梁实际能承受的弯矩设计值。

7. 某钢筋混凝土简支梁,截面尺寸 $b \times h = 250\ mm \times 550\ mm$,2 级建筑物,计算跨度$l_0 = 6\ 000\ mm$,净跨 $l_n = 5\ 760\ mm$。作用的均布荷载为 $g_k = 12.5\ kN/m$(包括自重),$q_k = 17\ kN/m$。采用 C25 混凝土,纵向受力钢筋采用 HRB335 级,箍筋采用 HPB235 级,取 $a_s = 45\ mm$。计算该梁需要的纵向受力钢筋和腹筋数量。

8. 某钢筋混凝土简支梁，一类环境条件，2 级建筑物，截面尺寸 $b \times h = 250\ \text{mm} \times 500\ \text{mm}$，梁的净跨 $l_n = 6\ \text{m}$，承受均布荷载为 $g_k = 20\ \text{kN/m}$（包括自重），$q_k = 12\ \text{kN/m}$，混凝土强度等级为 C25，HPB235 级箍筋，取 $a_s = 45\ \text{mm}$。试计算箍筋数量。

9. 某 3 级建筑物中的矩形截面简支梁，截面尺寸 $b \times h = 200\ \text{mm} \times 500\ \text{mm}$，梁的中部有一集中荷载，在集中荷载作用下，梁承受的最大剪力设计值 $V = 108\ \text{kN}$，采用 C20 混凝土，HPB235 级箍筋，受拉区已配置 4 Φ 20 纵向受力钢筋，取 $a_s = 45\ \text{mm}$。试计算腹筋数量。

10. 已知某 2 级建筑物中的矩形截面梁，截面尺寸 $b\times h=200\ \text{mm}\times 550\ \text{mm}$，承受均布荷载作用，配有双肢 Φ6@150 箍筋。混凝土采用 C20，箍筋采用 HPB235 级。若支座边缘截面剪力设计值 $V=112\ \text{kN}$，取 $a_s=45\ \text{mm}$，复核该梁斜截面承载力是否安全。

11. 某水闸为 3 级水工建筑物，其底板厚 $h=1\ 200\ \text{mm}$，$h_0=1\ 130\ \text{mm}$，处于二类环境。跨中截面荷载效应标准值为 $M_k=440\ \text{kN}\cdot\text{m}$。采用 C20 混凝土，HRB335 级钢筋。由正截面承载力计算已配置钢筋 Φ22@200（$A_s=1\ 900\ \text{mm}^2$）。试进行抗裂验算。

12. 钢筋混凝土矩形截面简支梁（2 级水工建筑物），处于露天环境。截面尺寸 $b\times h=250\ \text{mm}\times600\ \text{mm}$，计算跨度 $l_0=7.2\ \text{m}$；采用 C25 混凝土，纵向钢筋为 HRB335 级；使用期间承受均布荷载，荷载标准值为：永久荷载 $g_k=14.2\ \text{kN/m}$（包括自重），可变荷载 $q_k=5.8\ \text{kN/m}$。试求纵向受拉钢筋截面面积 A_s，并验算最大裂缝开展宽度和跨中挠度是否满足要求。（$a_s=45\ \text{mm}$）

13. 某水电站副厂房楼盖(2 级水工建筑物)的钢筋混凝土矩形截面简支梁,处于二类环境,截面尺寸 $b \times h = 250\ mm \times 550\ mm$,采用 C20 混凝土,纵向钢筋为 HRB335 级;由承载力计算已配置受拉钢筋 3 Φ 20($A_s = 942\ mm^2$);梁的计算跨度 $l_0 = 5.8\ m$;使用期间承受均布荷载,其中永久荷载标准值 $g_k = 10.6\ kN/m$(包括自重),可变荷载标准值 $q_k = 12\ kN/m$,使用上对挠度有较高要求。验算该梁跨中挠度是否满足要求。

14. 某 3 级建筑物矩形截面简支梁,截面尺寸 $b \times h = 250\ mm \times 550\ mm$,二类环境条件,计算跨度 $l_0 = 6\ 500\ mm$,在使用期间承受均布荷载:$g_k = 25\ kN/m$(包括自重),$q_k = 15\ kN/m$。混凝土强度等级为 C25,HRB335 级钢筋。试计算受力钢筋截面面积。

15. 已知某 3 级建筑物的矩形截面简支梁，截面尺寸 $b\times h=250\ \text{mm}\times500\ \text{mm}$，一类环境条件，混凝土强度等级为 C25，受力钢筋采用 HRB335 级。弯矩设计值 $M=188\ \text{kN}\cdot\text{m}$。试计算：

（1）该正截面所需要的受力钢筋面积。

（2）在受压区已配置 2 Φ 22 时，计算受拉钢筋截面面积。

16. 某 2 级建筑物的双筋截面梁，截面尺寸 $b \times h = 250\ \mathrm{mm} \times 500\ \mathrm{mm}$，一类环境条件，承受弯矩设计值 $M = 140\ \mathrm{kN \cdot m}$，采用混凝土强度等级为 C20，受压纵筋为 2 Φ 16（$A_s' = 402\ \mathrm{mm}^2$）；受拉纵向钢筋有两种配置：（1）4 Φ 20（$A_s = 1\ 256\ \mathrm{mm}^2$）；（2）4 Φ 25（$A_s = 1\ 964\ \mathrm{mm}^2$）。复核在上述两种配筋情况下，此梁正截面是否安全。

17. 某电站厂房(2 级建筑物)的简支梁的计算跨度 $l_0=5\ 800$ mm,正截面尺寸 $b \times h=250$ mm×500 mm,二类环境条件,配置受拉钢筋 6 Φ 20 及受压钢筋 3 Φ 18,采用混凝土强度等级为 C25,HRB335 级钢筋。现因为检修设备需临时在跨中承受一集中荷载 $Q_k=65$ kN,同时承受梁与铺板自重产生的均布荷载值 $g_k=11$ kN/m。复核此梁正截面在检修期间是否安全。

18. 某 2 级建筑物的独立 T 形梁,一类环境条件,计算跨度 $l_0=$ [illegible]00 mm,$b_f'=700$ mm,$h_f'=120$ mm,$b=250$ mm,$h=750$ mm,正常情况下跨中承受弯矩设计值 $M=200$ kN·m;采用混凝土强度等级 C30,HRB400 级钢筋。计算跨中截面所需的受拉钢筋面积。

19. 某肋形楼盖(2 级建筑物)的次梁,一类环境条件,计算跨度 $l_0 = 6.0$ m,间距为 2.4 m,截面尺寸如图 1-1 所示。在正常使用阶段,梁跨中承受弯矩设计值 $M = 130$ kN · m,混凝土强度等级为 C25,采用 HRB335 级钢筋。计算次梁跨中截面所需的受拉钢筋截面面积 A_s。

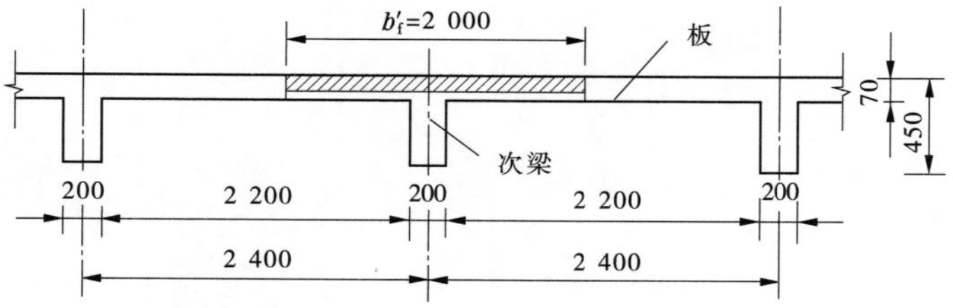

图 1-1

20. 某 2 级建筑物的吊车梁，一类环境条件，翼缘计算宽度 $b_f'=650$ mm，$h_f'=90$ mm，$b=250$ mm，$h=750$ mm，计算跨度 $l_0=6\ 000$ mm，在使用阶段跨中承受弯矩设计值 $M=410$ kN · m，混凝土强度等级为 C20，采用 HRB400 级钢筋。计算跨中截面所需要的受拉钢筋面积。

21. 某 T 形截面梁，2 级建筑物，一类环境条件，翼缘计算宽度 $b_f'=1\ 400$ mm，$h_f'=120$ mm，$b=250$ mm，$h=700$ mm，混凝土强度等级为 C25，采用 HRB335 级钢筋，配置受拉钢筋 6 ⌽ 22，承受弯矩设计值 $M=350$ kN · m。复核该梁正截面承载力是否安全。

22. 某 2 级水工建筑物中的柱，截面尺寸为 300 mm×300 mm，柱计算长度 l_0 = 4. 6 m，采用 C20 混凝土，HRB335 级钢筋。柱底截面承受的轴心压力设计值 N = 860 kN，计算柱底截面受力钢筋面积并配筋。

23. 某 3 级水工建筑物中的正方形截面轴心受压柱，柱高 7. 2 m，两端为不移动铰支座，采用 C25 混凝土，HRB335 级钢筋。计算截面承受的轴心压力设计值 N = 1 950 kN（包括自重）。试设计该柱。

24. 某3级水工建筑物中的钢筋混凝土轴心受压柱，截面尺寸为350 mm×350 mm，柱高3.6 m，两端为不移动铰支座，采用C20混凝土，已配8 Φ 14钢筋。作用在截面的轴心压力设计值 $N=1\ 100$ kN。试复核该截面是否安全。

25. 某2级水工建筑物中的矩形截面偏心受压柱，截面尺寸 $b\times h=400$ mm×600 mm，柱的计算长度 $l_0=7.5$ m，采用C25混凝土，HRB400级钢筋。$a_s=a_s'=45$ mm。控制截面承受的轴向压力设计值为 $N=860$ kN，弯矩设计值 $M=356$ kN·m。试按非对称配筋方式给该柱配置钢筋。

26. 计算题 25 中的钢筋混凝土受压柱,受压侧已配钢筋为 3 ⌀ 25,试求 A_s,并绘制配筋图。

27. 某水电站厂房(1 级水工建筑物)矩形截面偏心受压柱,截面尺寸 $b \times h = 400\ \text{mm} \times 600\ \text{mm}$,柱的计算长度 $l_0 = 6.5\ \text{m}$,采用 C25 混凝土,HRB400 级钢筋。截面承受的轴向力设计值 $N = 610\ \text{kN}$,偏心距 $e_0 = 500\ \text{mm}$,取 $a_s = a'_s = 45\ \text{mm}$。采用非对称配筋方式,计算钢筋截面面积 A_s 和 A'_s。

28. 某钢筋混凝土受压柱，条件同计算题 27，受压侧已配钢筋为 3 ⌀ 20，求所需受拉钢筋截面面积 A_s。

29. 计算题 25 中的钢筋混凝土受压柱，若采用对称配筋，试配置该柱钢筋。

30. 某 2 级水工建筑物中的矩形截面偏心受压柱，截面尺寸 $b \times h = 400\ \mathrm{mm} \times 500\ \mathrm{mm}$，计算长度为 $l_0 = 5\ \mathrm{m}$，采用 C30 混凝土，HRB335 级钢筋，承受内力设计值 $N = 1\ 200\ \mathrm{kN}$，$M = 330\ \mathrm{kN \cdot m}$，$a_s = a'_s = 45\ \mathrm{mm}$。试按对称配筋配置该柱钢筋。

31. 某 1 级水工建筑物中的矩形截面偏心受压柱，截面尺寸 $b \times h = 400\ \mathrm{mm} \times 500\ \mathrm{mm}$，$l_0 = 7.2\ \mathrm{m}$，采用 C30 混凝土，HRB400 级钢筋，计算截面承受内力设计值 $N = 1\ 700\ \mathrm{kN}$，$M = 130\ \mathrm{kN \cdot m}$，$a_s = a'_s = 45\ \mathrm{mm}$。试按对称配筋方式给该柱配置钢筋。

32. 某2级水工建筑物中的矩形截面大偏心受压柱，采用对称配筋。截面尺寸$b\times h=$ 300 mm×500 mm，$l_0=6$ m；受拉和受压钢筋均为3 Φ 25（$A_s=A'_s=1\ 473\ mm^2$）；混凝土为C25，钢筋为HRB335级；混凝土保护层厚度$c=30$ mm。控制截面按荷载标准值计算的内力值为：$N_k=300$ kN，$M_k=150$ kN·m。试验算裂缝最大宽度是否满足要求。

33. 某2级水工建筑物中的矩形截面受拉构件，截面尺寸$b\times h=300$ mm×400 mm，采用C20混凝土，HRB335级钢筋，承受轴向拉力设计值$N=360$ kN，弯矩设计值$M=36$ kN·m，$a_s=a'_s=45$ mm。试确定钢筋截面面积A_s和A'_s。

34. 某 1 级水工建筑物中的矩形截面受拉构件，截面尺寸 $b \times h = 300\ \text{mm} \times 450\ \text{mm}$，采用 C25 混凝土，HRB335 级钢筋，承受轴向拉力设计值 $N = 300\ \text{kN}$，弯矩设计值 $M = 30\ \text{kN} \cdot \text{m}$，$a_s = a'_s = 45\ \text{mm}$。试按对称和非对称配筋两种情况分别确定钢筋截面面积 A_s 和 A'_s。

35. 某 2 级水工建筑物中的偏心受拉构件，截面尺寸 $b\times h=350$ mm×600 mm，采用 C25 混凝土和 HRB335 级钢筋，承受轴向拉力设计值 $N=180$ kN，弯矩设计值 $M=70$ kN·m，$a_s=a_s'=45$ mm，试对该构件进行配筋。

36. 某钢筋混凝土矩形水池(3 级水工建筑物)壁厚 300 mm,沿池壁 1 m 高的垂直截面上作用的内力设计值 $N=240$ kN,$M=120$ kN · m,采用 C25 混凝土和 HRB400 级钢筋,$a_s=a'_s=40$ mm,试确定钢筋截面面积 A_s 和 A'_s。

37. 某 4 级水工建筑物中的偏心受拉构件，截面尺寸 $b \times h = 300\ mm \times 450\ mm$，采用 C30 混凝土和 HRB335 级钢筋，$a_s = a'_s = 40\ mm$，按下列两种情况计算钢筋面积：

(1) 承受轴向拉力设计值 $N = 100\ kN$，弯矩设计值 $M = 90\ kN \cdot m$。

(2) 承受轴向拉力设计值 $N = 300\ kN$，弯矩设计值 $M = 30\ kN \cdot m$。

38. 某钢筋混凝土压力水管(1 级水工建筑物),内半径 $r=850$ mm,管壁厚 130 mm,采用 C30 混凝土,受力钢筋采用 HRB400 级钢筋,分布钢筋采用 HPB235 级钢筋。管内承受水压力标准值 $p_k=0.25$ N/mm²。试配置环向钢筋并验算管壁是否满足抗裂要求。

39. 某渡槽(2 级水工建筑物)底板设计时,沿水流方向取单宽板带为计算单元(取b=1 000 mm),底板厚度 h=300 mm,计算简图如图 1-2 所示,已知控制截面上弯矩标准值 M_k=7.25 kN·m,轴心拉力标准值 N_k=18 kN,取 $a_s=a'_s$=40 mm,采用 C20 混凝土及 HRB335 级钢筋,控制截面上已配置受拉区纵向受拉钢筋为Φ 14@150,验算裂缝宽度是否满足要求。

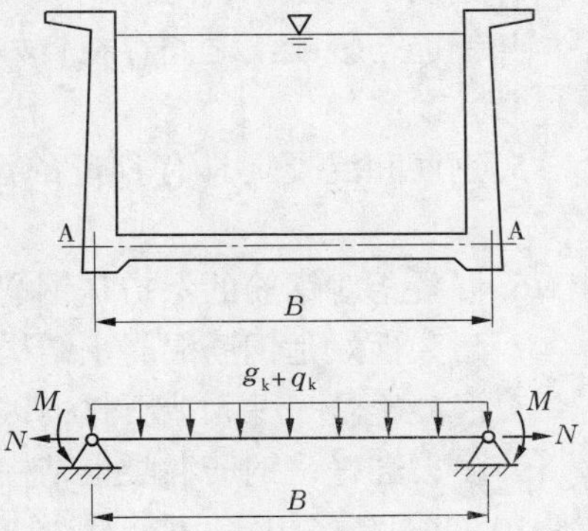

图 1-2

二、判断题

1. 由建筑材料制作的若干构件连接组成的承重骨架称为建筑结构。（　）
2. 按所用材料的不同，建筑结构分为钢筋混凝土结构、钢结构。（　）
3. 钢筋混凝土结构是由钢筋和混凝土两种材料组成的共同受力的结构。（　）
4. 钢筋与混凝土之间存在良好的黏结性，是钢筋与混凝土能共同工作的原因之一。（　）
5. 钢筋和混凝土具有相近的温度线膨胀系数，是钢筋与混凝土能共同工作的原因之一。（　）
6. 混凝土对钢筋的保护是钢筋与混凝土能共同工作的原因之一。（　）
7. 耐久性好是钢筋混凝土结构的优点。（　）
8. 混凝土是一种人造石材，其抗拉强度很高，而抗压强度则很低。（　）
9. 耐火性好是钢筋混凝土结构的优点。（　）
10. 与钢结构相比，钢筋混凝土结构的耐火性能是较差的。（　）
11. 整体性好是钢筋混凝土结构的优点。（　）
12. 钢筋混凝土结构类似钢结构，需要经常性的保养和维修，其维修费用极高。（　）
13. 钢筋混凝土结构自重较小，对于大跨度结构、高层建筑结构以及抗震都有利。（　）
14. 自重大是钢筋混凝土结构的缺点。（　）
15. 抗裂性差是钢筋混凝土结构的缺点。（　）
16. 钢筋混凝土结构的抗裂性能较好，在正常使用时往往是不会出现裂缝的。（　）
17. 现浇费模板是钢筋混凝土结构的缺点。（　）
18. 钢筋混凝土结构采用预制装配式构件可以节约模板。（　）
19. 混凝土结构施工复杂，工序多，工期长，施工受季节、天气的影响较大。（　）
20. 混凝土结构一旦破坏，其修复、加固、补强比较困难。（　）
21. 预应力混凝土结构的抗裂性能较好。（　）
22. 预应力混凝土结构是在结构承受荷载以前，预先对混凝土施加压力，造成人为的压应力状态，使产生的压应力可全部或部分地抵消荷载引起的拉应力。（　）
23. 一般来说，在钢筋混凝土结构中，混凝土主要承担压力，钢筋主要承担拉力。（　）
24. 混凝土结构不是理想的弹性材料。（　）
25. 构造规定是长期科学试验和工程经验的总结。（　）
26. 钢筋按其化学成分的不同，分为碳素钢和普通低合金钢两类。（　）
27. 按钢筋在结构中所起作用的不同，可分为普通钢筋和预应力钢筋两大类。（　）

28. 根据含碳量的多少，碳素钢分为低碳钢、中碳钢和高碳钢。 ( )

29. 随着含碳量的增加，钢材的强度提高，塑性降低，可焊性变差。 ( )

30. 随着含碳量的增加，钢材的强度提高，塑性降低，可焊性变好。 ( )

31. 低碳钢的含碳量小于 0.25%。 ( )

32. 低碳钢的含碳量小于 0.3%。 ( )

33. 高碳钢的含碳量大于 0.5%。 ( )

34. 普通低合金钢是在碳素钢的基础上，加入少量的合金元素，使低合金钢钢筋具有强度高、塑性及可焊性好的特点。 ( )

35. 钢筋按外形分为光圆钢筋和带肋钢筋两类。 ( )

36. 带肋钢筋亦称变形钢筋，有螺旋纹、人字纹和月牙肋三种。 ( )

37. 光圆钢筋表面是光圆的。 ( )

38. 带肋钢筋表面有两条纵向凸缘（纵肋）和斜向凸缘（斜肋）。 ( )

39. 带肋钢筋表面有三条纵向凸缘（纵肋）和斜向凸缘（斜肋）。 ( )

40. 按生产加工工艺和力学性能，钢筋可分为热轧钢筋、预应力混凝土用螺纹钢筋、钢丝、钢绞线和钢棒等。 ( )

41. HPB235 级钢筋是光圆钢筋。 ( )

42. HPB235 级钢筋是热轧钢筋。 ( )

43. HPB235 级钢筋用符号“Φ”表示。 ( )

44. HRB335 级钢筋是带肋钢筋。 ( )

45. HRB335 级钢筋是热轧钢筋。 ( )

46. HRB335 级钢筋用符号“$\underline{\Phi}$”表示。 ( )

47. HRB400 级钢筋用符号“$\underline{\underline{\Phi}}$”表示。 ( )

48. HRB400 级钢筋中的 400 代表钢筋的屈服强度标准值。 ( )

49. HRB400 级钢筋中的 400 代表钢筋的屈服强度设计值。 ( )

50. HRB400 级钢筋中的 400 代表钢筋的屈服强度标准值不低于 400 kPa。 ( )

51. 软钢从加载到拉断分弹性阶段、屈服阶段、强化阶段、破坏阶段四个阶段。 ( )

52. 软钢从加载到拉断分弹性阶段、屈服阶段、破坏阶段三个阶段。 ( )

53. 钢丝包括光圆、刻痕和螺旋肋的冷拉或消除应力的高强度钢丝三种。 ( )

54. 钢丝主要用于预应力混凝土结构。 ( )

55. 钢绞线是由冷拉光圆钢丝及刻痕钢丝捻制的。 ( )

56. 钢棒按表面形状分为光圆钢棒、螺旋槽钢棒、螺旋肋钢棒三种。 ( )

57. 根据钢筋应力应变曲线特性的不同分为有明显屈服点的钢筋和无明显屈服点的钢筋两类。 ( )

58. 工程中习惯上将有明显屈服点的钢筋称为软钢。 ( )

59. 工程中习惯上将有明显屈服点的钢筋称为硬钢。 ( )

60. 软钢的强度指标有屈服强度和极限抗拉强度。 ( )

61. 软钢的强度指标有屈服强度和极限抗压强度。 ( )

62. 软钢的塑性用伸长率和冷弯性能来反映。 ( )

63. 软钢的塑性用伸长率和冲击韧性来反映。（ ）

64. 钢材中含碳量越高，屈服强度和抗拉强度就越高，伸长率就越小。（ ）

65. 钢材中含碳量越高，屈服强度和抗拉强度就越高，伸长率就越大。（ ）

66. 屈服强度是钢筋强度标准值的依据。（ ）

67. 极限抗拉强度是确定钢筋强度标准值的依据。（ ）

68. 在钢筋混凝土结构构件计算中采用屈服强度作为钢筋的受拉强度限值。（ ）

69. 工程中习惯上将没有明显屈服点的钢筋称为硬钢。（ ）

70. 工程中习惯上将没有明显屈服点的钢筋称为软钢。（ ）

71. 硬钢通常取相应于残余应变为0.2%的应力 $\sigma_{0.2}$ 作为假定屈服点。（ ）

72. 硬钢通常取相应于应变为0.2%的应力 $\sigma_{0.2}$ 作为假定屈服点。（ ）

73. 钢筋弹性阶段应力与应变的比值称为钢筋的弹性模量，用符号 E_s 表示。（ ）

74. 钢筋屈服阶段应力与应变的比值称为钢筋的弹性模量，用符号 E_s 表示。（ ）

75. 冷拉只提高了钢筋的抗拉强度，不能提高其抗压强度。（ ）

76. 冷拉可以提高钢筋的抗拉强度和抗压强度。（ ）

77. 冷拔后钢筋的抗拉强度和抗压强度都得到提高，塑性提高。（ ）

78. 冷拔后钢筋的抗拉强度和抗压强度都得到提高，塑性降低。（ ）

79. 具有较高的强度是钢筋混凝土结构对钢筋性能的要求之一。（ ）

80. 具有较好的塑性是钢筋混凝土结构对钢筋性能的要求之一。（ ）

81. 具有与混凝土良好的黏结是钢筋混凝土结构对钢筋性能的要求之一。（ ）

82. 具有较好的可焊性是钢筋混凝土结构对钢筋性能的要求之一。（ ）

83. 混凝土是由水泥、水和骨料按一定配合比经搅拌后入模振捣、养护硬化形成的人造石材。（ ）

84. 混凝土是由水泥、水和石膏按一定配合比经搅拌后入模振捣、养护硬化形成的人造石材。（ ）

85. 常用混凝土的强度有立方体抗压强度、轴心抗压强度和轴心抗拉强度。（ ）

86. 常用混凝土的强度有轴心抗压强度和轴心抗拉强度。（ ）

87. 混凝土在结构中主要承受压力。（ ）

88. 混凝土在结构中主要承受拉力。（ ）

89. 用边长为150 mm的立方体试件，在标准条件下养护28 d，用标准试验方法测得的抗压强度，称为立方体抗压强度，用符号 f_{cu} 表示。（ ）

90. 用边长为100 mm的立方体试件，在标准条件下养护7 d，用标准试验方法测得的抗压强度，称为立方体抗压强度。（ ）

91. 把具有95%保证率的立方体抗压强度，称为混凝土抗压强度标准值 $f_{cu,k}$。（ ）

92. 把具有90%保证率的抗压强度，称为混凝土抗压强度标准值。（ ）

93. 混凝土的强度等级按混凝土立方体抗压强度标准值 $f_{cu,k}$ 确定，用符号C表示，单位为 N/mm^2（或MPa）。（ ）

94. 混凝土的强度等级按混凝土立方体抗压强度标准值 $f_{cu,k}$ 确定，用符号C表示，单位为 N/m^2。（ ）

95. 钢筋混凝土结构构件的混凝土强度等级不应低于 C15。（ ）
96. 钢筋混凝土结构构件的混凝土强度等级不应低于 C10。（ ）
97. C20 中的 20 表示混凝土立方体抗压强度标准值不低于 20 MPa。（ ）
98. C20 中的 20 表示混凝土立方体抗拉强度标准值不低于 20 MPa。（ ）
99. C25 以下的混凝土可称为低强度混凝土。（ ）
100. C30~C45 的混凝土为高强度混凝土。（ ）
101. 强度等级达到或超过 C60 的混凝土为高强度混凝土。（ ）
102. 当采用 HRB335 级钢筋时,混凝土强度等级不宜低于 C25。（ ）
103. 当采用 HRB400 级和 RRB400 级钢筋以及承受重复荷载的构件,混凝土强度等级不得低于 C40。（ ）
104. 预应力混凝土结构构件的混凝土强度等级不应低于 C30。（ ）
105. 预应力混凝土结构构件的混凝土强度等级不应低于 C40。（ ）
106. 当采用钢绞线、钢丝作预应力钢筋时,混凝土强度等级不宜低于 C40。（ ）
107. 当采用钢绞线、钢丝作预应力钢筋时,混凝土强度等级不宜低于 C50。（ ）
108. 混凝土的变形可以分为两类:一类是由荷载产生的变形,另一类是由非荷载因素(混凝土的收缩以及温度、湿度等变化)引起的体积变形。（ ）
109. 混凝土的极限压应变 ε_{cu} 一般为 0.003 3 左右。（ ）
110. 混凝土的极限压应变 ε_{cu} 一般为 0.33 左右。（ ）
111. 混凝土的最大拉应变 ε_{tu} 一般可取$(1\sim1.5)\times10^{-4}$。（ ）
112. 混凝土的最大拉应变 ε_{tu} 一般可取$(1\sim3)\times10^{-4}$。（ ）
113. 混凝土在长期荷载作用下,应力不变,应变随时间的增加而增长的现象,称为混凝土的徐变。（ ）
114. 混凝土徐变在前期增长较快,随后逐渐减慢,经过较长时间而趋于稳定。（ ）
115. 混凝土徐变一般 5 年后基本完成。（ ）
116. 混凝土产生徐变的原因:一方面是水泥石中的胶凝体产生的黏性流动,另一方面是骨料和水泥石结合面微裂缝的发展和增加。（ ）
117. 应力越大,混凝土的徐变也越大。（ ）
118. 混凝土的加载龄期越早,徐变越大。（ ）
119. 养护温度愈高,湿度愈大,混凝土的徐变愈小。（ ）
120. 试件受荷后,使用环境温度愈高,湿度愈小,徐变愈小。（ ）
121. 水泥用量愈多,混凝土的徐变愈小。（ ）
122. 水灰比愈小,混凝土的徐变愈大。（ ）
123. 混凝土的收缩包括凝缩、干缩和冷缩三种。（ ）
124. 混凝土的收缩包括凝缩、干缩两种。（ ）
125. 减小水灰比可以减小混凝土收缩。（ ）
126. 增大水灰比可以减小混凝土收缩。（ ）
127. 减小水泥用量可以减小混凝土收缩。（ ）

128. 增大水泥用量可以减小混凝土收缩。（ ）

129. 加强养护可以减小混凝土收缩。（ ）

130. 加强养护不能减小混凝土收缩。（ ）

131. 水工混凝土建筑物环境条件划分为四个类别。（ ）

132. 水工混凝土建筑物环境条件划分为五个类别。（ ）

133. 钢筋与混凝土之间的黏结力主要由化学胶着力、摩阻力和机械咬合力三个部分组成。（ ）

134. 钢筋与混凝土之间的黏结力由化学胶着力、机械咬合力两个部分组成。（ ）

135. 混凝土的强度越高，钢筋与混凝土之间的黏结力越大。（ ）

136. 混凝土的强度越高，钢筋与混凝土之间的黏结力越小。（ ）

137. 混凝土保护层越厚，钢筋与混凝土之间的黏结力越大。（ ）

138. 混凝土保护层越厚，钢筋与混凝土之间的黏结力越小。（ ）

139. 钢筋的表面越粗糙，钢筋与混凝土之间的黏结力越大。（ ）

140. 钢筋的表面越粗糙，钢筋与混凝土之间的黏结力越小。（ ）

141. 钢筋与混凝土之间的黏结力还与混凝土浇筑、钢筋锚固受力情况有关。（ ）

142. 钢筋的锚固是指通过混凝土中钢筋锚固段的黏结或机械锚固措施，将钢筋所受的力传给混凝土，使钢筋锚固于混凝土中而不滑出。（ ）

143. 为了保证光圆钢筋黏结强度的可靠性，绑扎骨架中的受力光圆钢筋应在末端做成180°弯钩。弯后平直段长度不应小于6.25d（d为钢筋直径）。（ ）

144. 当板厚小于120 mm时，板的上层钢筋可做成直到板底的直钩。（ ）

145. 当板厚小于100 mm时，板的上层钢筋可做成直到板底的直钩。（ ）

146. 钢筋连接的方法有绑扎搭接、焊接连接和机械连接三种。（ ）

147. 钢筋连接的方法有绑扎搭接、搭接焊接和机械连接三种。（ ）

148. 绑扎搭接接头是通过钢筋与混凝土之间的黏结应力来传递钢筋之间的内力，必须有足够的搭接长度。（ ）

149. 轴心受拉及小偏心受拉构件以及承受振动荷载的构件的纵向受力钢筋，不应采用绑扎搭接接头。（ ）

150. 任何构件的纵向受力钢筋都可以采用绑扎搭接接头。（ ）

151. 受拉钢筋直径d>28 mm，或受压钢筋直径d>32 mm时，不宜采用绑扎搭接接头。（ ）

152. 钢筋的接头位置宜设置在构件的受力较小处。（ ）

153. 同一构件中相邻纵向受力钢筋的绑扎搭接接头宜相互错开。（ ）

154. 同一构件中相邻纵向受力钢筋的绑扎搭接接头应集中布置。（ ）

155. 纵向受拉钢筋绑扎搭接接头的搭接长度均不应小于300 mm。（ ）

156. 钢筋绑扎搭接接头连接区段的长度为1.3倍搭接长度。（ ）

157. 钢筋绑扎搭接接头连接区段的长度为1.2倍搭接长度。（ ）

158. 位于同一连接区段内的受拉钢筋绑扎搭接接头面积百分率：梁类、板类及墙类构件不宜大于25%。（ ）

159. 受压钢筋的搭接接头面积百分率不宜超过 50%。 ( )

160. 焊接有闪光对焊、搭接焊和帮条焊。 ( )

161. 焊接有搭接焊和帮条焊。 ( )

162. 钢筋焊接接头连接区段的长度为 $35d$(d 为纵向受力钢筋的较大直径),且不小于 500 mm。 ( )

163. 钢筋焊接接头连接区段的长度为 $40d$(d 为纵向受力钢筋的较大直径),且不小于 600 mm。 ( )

164. 同一连接区段内纵向钢筋搭接接头面积百分率为该区段内有搭接接头的纵向受力钢筋面积与纵向受力钢筋面积的比值。 ( )

165. 同一连接区段内纵向钢筋焊接接头面积百分率为该区段内有接头的纵向受力钢筋截面面积与全部纵向受力钢筋截面面积的比值。 ( )

166. 钢筋直径 $d \leqslant 28$ mm 的焊接接头,宜采用闪光对头焊或搭接焊;$d>28$ mm 时,宜采用帮条焊。 ( )

167. 钢筋机械连接接头连接区段的长度为 $35d$(d 为纵向受力钢筋的较大直径)。 ( )

168. 在受力较大处设置机械连接接头时,位于同一连接区段内的纵向受拉钢筋接头面积百分率不宜大于 25%。 ( )

169. 机械连接接头连接件之间的横向净间距不宜小于 50 mm。 ( )

170. 结构设计应满足安全性、适用性、耐久性三个方面的功能要求。 ( )

171. 安全性、适用性、经济性统称为结构的可靠性。 ( )

172. 安全性、适用性、耐久性统称为结构的可靠性。 ( )

173. 安全性是要求结构在正常施工和正常使用时,能承受可能出现的各种作用而不发生破坏,并且在设计规定的偶然事件发生时及发生后,仍能保持必需的整体稳定性。 ( )

174. 适用性是要求结构在正常使用时能满足正常的使用要求,具有良好的工作性能,不发生影响正常使用的过大变形和振幅,不产生过宽的裂缝。 ( )

175. 耐久性是在正常使用和正常维护条件下,结构在规定的使用期限内满足安全和使用功能要求,不出现钢筋严重锈蚀和混凝土严重碳化。 ( )

176. 结构的可靠性与结构的经济性是一致的。 ( )

177. 结构或结构的一部分超过某一特定状态就不能满足设计规定的某一功能要求,此特定状态称为该功能的承载能力极限状态。 ( )

178. 结构或构件达到最大承载能力,或达到不适于继续承载的变形的极限状态,称为承载能力极限状态。 ( )

179. 结构或构件达到使用功能上允许的某一规定限值的极限状态,称为正常使用极限状态。 ( )

180. 结构构件或因连接超过材料强度而破坏(包括疲劳破坏),或因过度变形而不适于继续承载属于超过承载能力极限状态。 ( )

181. 结构或结构构件丧失稳定不属于超过承载能力极限状态。 ( )

182. 承载能力极限状态是判别结构或构件是否满足适用性功能要求的标准。（　）

183. 所有结构和构件必须按承载能力极限状态进行计算。（　）

184. 当结构或构件出现影响结构正常使用或外观的变形时，即认为超过了承载能力极限状态。（　）

185. 结构的作用是指能使结构产生内力、变形、位移、裂缝等各种原因的总称。（　）

186. 作用可分为直接作用和间接作用两类。（　）

187. 在设计使用年限内量值不随时间变化，或其变化与平均值相比可忽略不计的荷载称为可变荷载。（　）

188. 在设计使用年限内出现的概率很小，而一旦出现，其量值很大，且持续时间很短的荷载称为偶然荷载。（　）

189. 固定设备自重属于可变荷载。（　）

190. 结构自重属于永久荷载。（　）

191. 风荷载属于可变荷载。（　）

192. 罕遇地震产生的冲击力是偶然荷载。（　）

193. 结构构件抵抗荷载效应的能力称抗力，用符号 S 表示。（　）

194. 结构构件的抗力由材料的强度及截面尺寸等因素计算得出。（　）

195. 荷载标准值是指结构或构件设计时，采用的各种荷载的基本代表值。（　）

196. 可变荷载标准值用符号 G_k 或 g_k 表示。（　）

197. 永久荷载标准值用符号 Q_k 或 q_k 表示。（　）

198. 材料强度标准值是指结构或构件设计时，采用的材料强度的基本代表值。（　）

199. 钢筋和混凝土的强度标准值采用概率分布的 0.05 分位值。钢筋和混凝土实际强度小于强度标准值的可能性只有 5%，即强度标准值具有 95%的保证率。（　）

200. 材料强度设计值等于材料强度标准值乘以相应的材料强度分项系数。（　）

201. 结构的可靠度是指结构在规定的时间内、规定的条件下，完成预定功能的概率。（　）

202. 结构的功能函数 $Z>0$ 时，结构处于失效状态。（　）

203. 结构的功能函数 $Z=0$ 时，结构处于可靠状态。（　）

204. 可靠指标 β 值越大，对应的 P_f 值越小。（　）

205. 可靠指标 β 值越小，对应的 P_f 值越大。（　）

206. 正常使用极限状态验算时，材料强度采用设计值。（　）

207. 承载能力极限状态设计时，材料强度采用标准值。（　）

208. 梁主要承受弯矩和剪力作用。（　）

209. 梁的破坏形态有正截面破坏和斜截面破坏两种。（　）

210. 设计钢筋混凝土梁时，需进行正截面受弯承载力和斜截面受剪承载力计算。（　）

211. 梁的截面常采用矩形和箱形。（　）

212. 梁板构件中，仅在受压区配置纵向受力钢筋的截面，称为单筋截面。（　）

213. 梁板构件中，仅在受拉区配置纵向钢筋的截面，称为单筋截面。（　）

214. 在受拉区与受压区都配置纵向受力钢筋的截面，称为双筋截面。（　）

215. 梁板构件中,配置一层受力钢筋的截面,称为单筋截面。 ( )

216. 梁高 800 mm 以上按 50 mm 的模数递增。 ( )

217. 梁宽 250 mm 以上按 100 mm 的模数递增。 ( )

218. 一般建筑物中板厚不宜小于 100 mm。 ( )

219. 水工建筑物中的板厚不宜小于 120 mm。 ( )

220. 板厚在 250 mm 以下时按 10 mm 递增。 ( )

221. 板厚在 250 mm 以上时按 50 mm 递增。 ( )

222. 板厚超过 800 mm 时,则以 50 mm 递增。 ( )

223. 纵向受力钢筋重心到混凝土近表面的距离,称混凝土保护层。 ( )

224. 保证结构构件的耐久性是混凝土保护层的作用。 ( )

225. 在钢筋混凝土构件中,为防止钢筋锈蚀,并保证钢筋和混凝土牢固黏结在一起,钢筋外面必须有足够厚度的混凝土保护层。 ( )

226. 梁的混凝土保护层厚度不应小于最大钢筋直径。 ( )

227. 梁的混凝土保护层厚度不应小于粗骨料最大粒径的 2 倍。 ( )

228. 梁中箍筋和构造钢筋的保护层厚度不应小于 30 mm。 ( )

229. 钢筋端头保护层厚度不应小于 30 mm。 ( )

230. 受拉钢筋合力点到截面受拉边缘的距离,称为截面有效高度 h_0。 ( )

231. 纵向受拉钢筋合力点到截面受拉边缘的距离为 a_s。 ( )

232. 当梁的钢筋为一层布置时,一般可近似取用 $a_s=40\sim50$ mm。 ( )

233. 当梁的钢筋为两层布置时,一般可近似取用 $a_s=80$ mm。 ( )

234. 板设计时钢筋直径 d 可初选为 10 mm,一般可近似取用 $a_s=40$ mm。 ( )

235. 梁中通常由纵向受力钢筋、弯起钢筋、箍筋、架立钢筋等构成钢筋骨架。 ( )

236. 箍筋和弯起钢筋通常称为腹筋。 ( )

237. 梁中的纵向钢筋宜采用 HRB335、HRB400 级钢筋。 ( )

238. 梁内纵向受力钢筋至少为 2 根。 ( )

239. 梁内纵向受力钢筋一排钢筋宜用 2~4 根,两排钢筋宜用 5~8 根。 ( )

240. 钢筋混凝土梁中常用的纵向受力钢筋直径为 12~32 mm。 ( )

241. 梁内纵向钢筋之间的水平净距 e 要求在下部不应小于钢筋直径,同时不应小于 25 mm。 ( )

242. 梁内纵向钢筋之间的水平净距 e 要求在上部不应小于 1.5 倍钢筋直径,同时不应小于 30 mm 和最大骨料粒径的 2 倍。 ( )

243. 梁内各层钢筋之间的净距不应小于 50 mm 和钢筋的最大直径 d。 ( )

244. 梁内靠外侧钢筋的根数宜少一些,直径宜细一些。 ( )

245. 当梁下部纵筋配置多于两层时,两层以上纵筋之间的净距应比下面两层的净距增大 1 倍。 ( )

246. 当梁跨 $l<4$ m 时,架立钢筋直径 d 不宜小于 10 mm。 ( )

247. 当梁跨 $l=4\sim6$ m 时,架立钢筋直径 d 不宜小于 10 mm。 ( )

248. 当梁跨 $l>6$ m 时,架立钢筋直径 d 不宜小于 12 mm。 ( )

249. 当梁的腹板高度 h_w 超过 500 mm 时,应在梁的两侧沿高度设置纵向构造钢筋,称为“腰筋”,并用拉筋连系固定。 (　　)

250. 梁内腰筋的截面面积不应小于腹板截面面积 bh_w 的 0.1%。 (　　)

251. 梁内每侧腰筋的间距不宜大于 300 mm。 (　　)

252. 拉筋的直径一般与箍筋直径相同。 (　　)

253. 拉筋的间距常取为箍筋间距的倍数,一般为 500~600 mm。 (　　)

254. 固定纵筋的位置是箍筋的一项作用。 (　　)

255. 提高梁的抗剪能力不是箍筋的一项作用。 (　　)

256. 提高梁的抗扭能力是箍筋的一项作用。 (　　)

257. 配有受压钢筋的梁内必须用封闭式箍筋。 (　　)

258. 当梁的宽度大于 400 mm 且一层内的纵向受压钢筋多于 3 根时,或当梁的宽度不大于 400 mm 但一层内的纵向受压钢筋多于 4 根时,应设置复合箍筋。 (　　)

259. 梁高 $h>800$ mm 时箍筋直径不宜小于 8 mm。 (　　)

260. 梁高 $h\leqslant 800$ mm 时箍筋直径不宜小于 6 mm。 (　　)

261. 当梁内配有计算需要的纵向受压钢筋时,箍筋直径不应小于 $d/3$(d 为受压钢筋中的最大直径)。 (　　)

262. 若按计算需要配置箍筋,一般可在梁的全长均匀布置箍筋,也可以在梁两端剪力较大的部位布置得密一些。 (　　)

263. 若按计算不需配置箍筋,对高度 h 大于 500 mm 的梁,仍应沿全梁布置箍筋。 (　　)

264. 箍筋一般从梁边(或墙边)50 mm 处开始设置。 (　　)

265. 当梁中配有计算需要的纵向受压钢筋时,箍筋的间距在绑扎骨架中不应大于 $15d$,在焊接骨架中不应大于 $20d$(d 为受压钢筋中的最小直径)。 (　　)

266. 任何情况下梁内箍筋间距均不应大于 300 mm。 (　　)

267. 在绑扎接头的搭接长度范围内,当钢筋受拉时,其箍筋间距不应大于 $5d$(d 为受压钢筋中的最小直径),且不应大于 100 mm。 (　　)

268. 在绑扎接头的搭接长度范围内,当钢筋受压时,其箍筋间距不应大于 $10d$(d 为受压钢筋中的最小直径),且不应大于 100 mm。 (　　)

269. 梁中弯起钢筋的弯起角一般为 45°,当梁高 $h\geqslant 800$ mm 时也可用 60°。 (　　)

270. 弯起钢筋的弯折终点应留有足够长的直线锚固长度,其长度在受拉区不应小于 $10d$,在受压区不应小于 $5d$。 (　　)

271. 板内受力钢筋的常用直径为 6~20 mm。 (　　)

272. 当板厚 $h\leqslant 200$ mm 时,板中受力钢筋的最大间距不应大于 200 mm。 (　　)

273. 当板厚 200 mm$<h\leqslant$1 500 mm 时,板中受力钢筋的最大间距不应大于 300 mm。 (　　)

274. 板内受力钢筋之间的间距不宜过小,一般情况下要求不小于 100 mm。 (　　)

275. 板中弯起钢筋的弯起角不宜小于 30°,厚板中的弯起角可为 45°或 60°。 (　　)

276. 板中每米板宽内分布钢筋的截面面积不小于受力钢筋截面面积的 10%。 (　　)

277. 分布钢筋是垂直于板受力钢筋方向布置的构造钢筋,位于受力钢筋外侧。( )

278. 固定受力钢筋处于正确位置是板中分布钢筋的作用。( )

279. 防止因温度变化或混凝土收缩等原因沿板跨方向产生裂缝,是板中分布钢筋的一项作用。( )

280. 将板面荷载均匀地传递给受力钢筋不是板中分布钢筋的作用。( )

281. 承受集中荷载时单向板中每米板宽内分布钢筋的截面面积不小于受力钢筋截面面积的 15%。( )

282. 板内分布钢筋的间距不宜大于 250 mm。( )

283. 当集中荷载较大时,板内分布钢筋的间距不宜大于 150 mm。( )

284. 板内分布钢筋的直径不宜小于 6 mm。承受分布荷载的厚板,分布钢筋的直径可采用 10~16 mm。( )

285. 在梁正截面受力过程中,第Ⅰ阶段可作为梁板抗裂验算的依据。( )

286. 在梁正截面受力过程中,第Ⅱ阶段可作为梁板正常使用阶段变形验算和裂缝宽度验算的依据。( )

287. 可模性好是钢筋混凝土结构的优点。( )

288. 新拌和的混凝土是可塑的,可根据需要,浇筑成各种形状和尺寸的结构。( )

289. 在梁正截面受力过程中,第Ⅲ阶段末的应力状态可作为梁板抗裂验算的依据。( )

290. 适筋破坏的特征是受拉钢筋应力先达到屈服强度,受压区混凝土达到极限压应变被压碎。( )

291. 超筋破坏的特征是受拉钢筋达到屈服强度,受压区混凝土达到极限压应变被压碎。( )

292. 超筋破坏属于脆性破坏。( )

293. 少筋破坏属于延性破坏。( )

294. 适筋破坏属于延性破坏。( )

295. 相对受压区计算高度是等效矩形混凝土受压区计算高度 x 与截面有效高度 h_0 的比值,用 $\xi=x/h_0$ 表示。( )

296. 相对界限受压区计算高度 $\xi_b=x_b/h_0$。( )

297. 受拉钢筋的配筋率是指受拉钢筋截面面积与截面面积的比值。( )

298. 当 $\rho>\rho_{max}$ 时,梁将发生少筋破坏。( )

299. 当 $\rho<\rho_{min}$ 时,梁将发生超筋破坏。( )

300. 一般现浇实心板的常用配筋率范围是 0.4%~0.8%。( )

301. 一般矩形截面梁的常用配筋率范围是 0.5%~2%。( )

302. 梁板的斜截面承载能力包括斜截面受剪承载力和斜截面受弯承载力。( )

303. 梁的斜截面受剪承载力通过构造措施来保证。( )

304. 梁的斜截面受弯承载力通过计算配置腹筋来保证。( )

305. 有腹筋梁斜截面受剪破坏形态主要与剪跨比和腹筋用量等因素有关。( )

306. 斜截面破坏的主要形态有斜拉破坏、受压破坏及斜压破坏三种。　(　　)

307. 当梁的剪跨比 λ 较大，且腹筋数量配得过少时，常发生斜压破坏。　(　　)

308. 当梁的剪跨比 λ 适中，同时腹筋配置数量适当时，常发生剪压破坏。　(　　)

309. 当梁的剪跨比较小或腹筋配置过多时，常发生斜拉破坏。　(　　)

310. 斜截面受剪承载力公式的适用条件必须防止发生斜压破坏和剪压破坏。　(　　)

311. 当梁截面尺寸过小，配置的腹筋过多，剪力较大时，可能发生斜拉破坏。　(　　)

312. 为了防止发生斜拉破坏，必须满足腹筋的间距及箍筋的配箍率的要求。　(　　)

313. 当 $KV>V_c$ 时，梁内箍筋的配置应满足它的最小配箍率要求。　(　　)

314. 当 $KV \leqslant V_c$ 时，可不进行斜截面受剪承载力计算，仅按构造要求配置箍筋。　(　　)

315. 进行受剪承载力计算时，应先根据危险截面确定受剪承载力的计算位置。　(　　)

316. 梁的支座边缘不一定要进行受剪承载力计算。　(　　)

317. 第一排弯起钢筋上弯点距支座边缘的距离一般取 $s=200$ mm。　(　　)

318. 抵抗弯矩图是按照梁内实配的纵筋数量计算并绘制出的各截面所能抵抗的剪力图。　(　　)

319. 钢筋的实际截断点应伸过其理论截断点截面以外，当 $KV \leqslant V_c$ 时，延伸长度不小于 $20d$（d 为截断钢筋的直径）。　(　　)

320. 钢筋的实际截断点应伸过其理论截断点截面以外，当 $KV>V_c$ 时，延伸长度不小于 h_0 且不应小于 $30d$（d 为截断钢筋的直径）。　(　　)

321. 钢筋的充分利用点至该钢筋的实际截断点的距离，当 $KV \leqslant V_c$ 时，延伸长度 $l_d \geqslant 1.2l_a$。　(　　)

322. 钢筋的充分利用点至该钢筋的实际截断点的距离，当 $KV>V_c$ 时，延伸长度 $l_d \geqslant 1.5l_a+h_0$。　(　　)

323. 弯起钢筋的实际弯起点伸过其充分作用点一段距离 $a \geqslant 2h_0$。　(　　)

324. 简支梁下部纵向受力钢筋伸入支座的锚固长度 l_{as}：当 $KV \leqslant V_c$ 时，$l_{as} \geqslant 5d$。　(　　)

325. 简支梁下部纵向受力钢筋伸入支座的锚固长度 l_{as}：当 $KV>V_c$ 时，$l_{as} \geqslant 15d$（带肋钢筋）。　(　　)

326. 如下部纵向受力钢筋伸入支座的锚固长度不能符合规定，可在梁端将钢筋向上弯。　(　　)

327. 抗裂验算就是对使用上不允许出现裂缝的钢筋混凝土构件，在荷载效应的设计组合下进行的验算。　(　　)

328. 用增加钢筋的办法来提高构件的抗裂能力是合理的。　(　　)

329. 加大构件截面尺寸可以提高构件的抗裂能力。　(　　)

330. 提高混凝土强度等级不能提高构件的抗裂能力。　(　　)

331. 在混凝土中掺入钢纤维可以提高构件的抗裂能力。　(　　)

332. 采用预应力混凝土结构不能提高构件的抗裂能力。　(　　)

333. 适当减小钢筋直径，可以减小钢筋混凝土结构构件的裂缝宽度。　(　　)

334. 增加配筋量不能减小钢筋混凝土结构构件的裂缝宽度。　(　　)

335. 采用预应力混凝土结构可以减小钢筋混凝土结构构件的裂缝宽度。　(　　)

336. 增加截面尺寸可提高构件的刚度。 ( )
337. 提高混凝土强度等级不能提高构件的刚度。 ( )
338. 增加配筋量可以提高构件的刚度。 ( )
339. 选用合理的截面(如T形或I形等)可以提高构件的刚度。 ( )
340. 配筋图表示钢筋骨架的形状以及在模板中的位置。 ( )
341. 凡规格、长度或形状不同的钢筋必须编以不同的编号。 ( )
342. 钢筋表主要为下料及加工成型用,同时可用来计算钢筋用量。 ( )
343. 钢筋直段上所注长度为构件长度减去2倍钢筋端头混凝土保护层厚度。 ( )
344. 箍筋尺寸一般标注外口尺寸。 ( )
345. 弯起钢筋弯起部分的高度是以钢筋内皮计算的。 ( )
346. 钢筋表内的钢筋长度就是钢筋加工时的断料长度。 ( )
347. 钢筋表内的钢筋长度小于钢筋加工时的断料长度。 ( )
348. 结构施工图中不包括钢筋表。 ( )
349. 说明或附注中包括说明之后可以减少图纸工作量的内容以及一些在施工过程中必须引起注意的事项。 ( )
350. 截面承受的弯矩很大时,截面的尺寸受限制,不能加大时,可以采用双筋截面。 ( )
351. 在梁的受压区配置普通钢筋对结构抗震有利。 ( )
352. 双筋截面不需要考虑受压钢筋的作用及设计强度。 ( )
353. 受压钢筋可以采用高强度钢筋。 ( )
354. 双筋截面要求 $x \geqslant 2a_s'$,是为了保证受压钢筋应力达到抗压强度设计值。 ( )
355. 双筋截面承受的弯矩较大,相应的受拉钢筋配置较多,一般均能满足最小配筋率的要求,无须验算 ρ_{min} 的条件。 ( )
356. T形截面与矩形截面相比可以节省混凝土,减轻了构件自重。 ( )
357. 梁板构件是否属于T形截面,关键在于受拉区混凝土的形状。 ( )
358. 中和轴位于翼缘内属于第一类T形截面。 ( )
359. 中和轴位于梁肋内属于第一类T形截面。 ( )
360. 受压区为T形的截面为T形截面。 ( )
361. T形截面受拉钢筋的配筋率等于受拉钢筋截面面积除以截面的有效截面面积,以百分率表示,即 $\rho = A_s/(bh_0) \times 100\%$。 ( )
362. 第二类T形截面的受拉钢筋配置必然较多,均能满足 $\rho \geqslant \rho_{min}$ 的要求,一般可不必进行此项验算。 ( )
363. 柱是以承受弯矩为主的受弯构件。 ( )
364. 根据轴向压力作用位置不同,受压柱可以分为轴心受压柱和偏心受压柱两种类型。 ( )
365. 当轴向压力通过柱截面重心时,称为偏心受压柱。 ( )
366. 轴心受压柱一般采用方形或T形截面。 ( )
367. 偏心受压柱常采用矩形截面。 ( )

368. 水工建筑中现浇立柱的边长不宜小于 250 mm。 ( )
369. 柱截面边长在 800 mm 及以下时,以 100 mm 为模数递增。 ( )
370. 柱截面边长在 800 mm 以上时,以 50 mm 为模数递增。 ( )
371. 柱内受压钢筋不宜采用高强度钢筋。 ( )
372. 轴心受压柱全部纵向钢筋的配筋率不得小于 0.80%(HRB335 级)。 ( )
373. 柱中全部纵向受力钢筋的经济配筋率在 0.8%~3%范围内。 ( )
374. 柱中全部纵向钢筋配筋率不宜超过 3%。 ( )
375. 方形和矩形柱中纵向钢筋的根数不得少于 4 根,每边不得少于 2 根。 ( )
376. 圆形柱中纵向钢筋根数不宜少于 8 根,且不应少于 6 根。 ( )
377. 工程中柱的钢筋直径通常在 12~32 mm 范围内选择。 ( )
378. 偏心受压柱中各边的纵向受力钢筋间距(中距)不应大于 200 mm。 ( )
379. 现浇时柱内纵向钢筋的净距不应小于 30 mm。 ( )
380. 当偏心受压柱的截面长边 $h \geqslant 600$ mm 时,在侧面应设置直径为 10~16 mm 的纵向构造钢筋。 ( )
381. 柱内纵向钢筋的混凝土保护层厚度的要求与梁相同。 ( )
382. 约束混凝土,提高柱的承载能力和延性,是柱内箍筋的一项作用。 ( )
383. 承受剪力不是柱内箍筋的作用。 ( )
384. 防止纵向钢筋受压时向外弯凸和混凝土保护层横向胀裂剥落是柱内箍筋的一项作用。 ( )
385. 柱内箍筋的直径不应小于 6 mm。 ( )
386. 柱内箍筋的直径不应小于 0.5 倍纵向钢筋的最大直径。 ( )
387. 当柱中全部纵向受力钢筋的配筋率超过 5%时,箍筋直径不宜小于 8 mm。 ( )
388. 箍筋的最大间距(中距)不应大于构件截面的长边尺寸。 ( )
389. 箍筋的最大间距(中距)不应大于 300 mm。 ( )
390. 箍筋的最大间距(中距)在绑扎骨架中不应大于 $20d$(d 为纵向钢筋的最小直径),在焊接骨架中不应大于 $30d$。 ( )
391. 当柱中全部纵向受力钢筋的配筋率超过 3%时,箍筋间距不应大于 $10d$(d 为纵向钢筋的最小直径),且不应大于 300 mm。 ( )
392. 当柱内纵向钢筋采用绑扎搭接时,搭接长度范围内的箍筋应加密。 ( )
393. 当柱截面短边尺寸大于 400 mm,且各边纵向钢筋多于 3 根时应设置复合箍筋。 ( )
394. 当柱截面短边尺寸不大于 400 mm,但各边纵向钢筋多于 3 根时应设置复合箍筋。 ( )
395. 复合箍筋布置原则是尽可能使每根纵向钢筋均处于箍筋的转角处,若纵向钢筋根数较多,允许纵向钢筋每隔一根位于箍筋的转角处。 ( )
396. 轴心受压柱按照箍筋配置方式不同,可分为普通箍筋柱和螺旋箍筋柱。 ( )
397. 轴心受压柱的长细比是指柱计算长度 l_0 与截面最小回转半径 i 或矩形截面的短

边尺寸 b 之比。 (　　)

398. 当 $l_0/i \leqslant 28$ 或 $l_0/b \leqslant 8$ 时为短柱。 (　　)

399. 柱子延性的好坏主要取决于箍筋的数量和形式。 (　　)

400. 柱内箍筋数量越多,柱子的延性就越差。 (　　)

401. 螺旋箍筋对增加柱的延性效果更显著。 (　　)

402. 长柱的承载力小于短柱,并且柱子越细长则承载力小得越多。 (　　)

403. 稳定系数 φ 表示长柱承载力较短柱降低的程度。 (　　)

404. 影响稳定系数 φ 值的主要因素是柱的长细比。 (　　)

405. 当 $l_0/b \leqslant 8$ 时为短柱,取 $\varphi = 1.0$。 (　　)

406. 稳定系数 φ 值随 l_0/b 的增大而增大。 (　　)

407. 柱子越细长,受压后越容易发生纵向弯曲而导致失稳,承载力降低越多,材料强度不能充分利用。 (　　)

408. 柱的计算长度 l_0 与构件的两端支承情况无关。 (　　)

409. 当纵向钢筋配筋率 $\rho' = A'_s/A > 5\%$ 时,轴心受压柱承载力计算公式中 A 应改用混凝土净截面面积。 (　　)

410. 大偏心受压破坏属于延性破坏。 (　　)

411. 当轴向力的偏心距较大时,受拉钢筋应力首先达到受拉屈服强度,最后混凝土达到极限压应变而被压碎,这种破坏称为"大偏心受压破坏"。 (　　)

412. 小偏心受压破坏属于延性破坏。 (　　)

413. 当 $\xi \leqslant \xi_b$ 时,偏心受压构件属于大偏心受压。 (　　)

414. 小偏心受压破坏的受压钢筋达不到屈服强度。 (　　)

415. 当 $l_0/h \leqslant 8$ 时属于短柱,取 $\eta = 1.0$。 (　　)

416. 偏心受压柱在与弯矩作用平面相垂直的平面内应按轴心受压柱进行承载力复核。 (　　)

417. 与非对称配筋相比,对称配筋用钢量较多,但构造简单,施工方便。 (　　)

418. 轴向压力对柱受剪承载力没有影响。 (　　)

419. 构件上作用有轴向拉力时称为偏心受拉构件。 (　　)

420. 当轴向拉力作用点与截面重心重合时,称为受拉构件。 (　　)

421. 偏心距 $e_0 \leqslant h/2 - a_s$ 时称为大偏心受拉构件。 (　　)

422. 大偏心受拉构件的破坏形态与大偏心受压破坏相似。 (　　)

423. 与梁相比,偏心受拉构件的斜截面受剪承载力要低一些。 (　　)

424. 当板的长边与短边长度之比 $l_2/l_1 \geqslant 2.0$ 时,是单向板肋形结构。 (　　)

425. 单向板肋形结构的优点是计算简单、施工方便。 (　　)

426. 当板的长边与短边长度之比 $l_2/l_1 \leqslant 3.0$ 时,称为双向板肋形结构。 (　　)

427. 双向板肋形结构的优点是经济美观。 (　　)

428. 在计算剪力时,计算跨度取净跨,即 $l_0 = l_n$。 (　　)

429. 当等跨连续板或梁的跨数超过五跨时,可按五跨计算。 (　　)

430. 板上单位长度的荷载包括永久荷载和偶然荷载。 (　　)

431. 折算荷载增大了永久荷载和减小了可变荷载。（　）

432. 连续板按弹性方法设计时要采用折算荷载。（　）

433. 连续次梁按弹性方法设计时不需要采用折算荷载。（　）

434. 连续主梁按弹性方法设计时需要采用折算荷载。（　）

435. 可变荷载的相应布置与永久荷载组合起来，会在某一截面上产生最大内力，这就是该截面的最不利荷载组合。（　）

436. 求某跨跨内最大正弯矩时，应在该跨布置可变荷载，然后向其左右隔跨布置可变荷载。（　）

437. 求某跨跨中最小弯矩时，应在该跨不布置可变荷载而在邻跨布置，然后向其左右隔跨布置可变荷载。（　）

438. 求某支座截面的最大负弯矩（绝对值）时，应在该支座左右两跨布置可变荷载，然后隔跨布置可变荷载。（　）

439. 求某支座截面的最大剪力时，可变荷载的布置与求该支座截面最大负弯矩时相同。（　）

440. 内力包络图是各截面内力最小值的连线所构成的图形。（　）

441. 用来反映连续板、梁各个截面上弯矩变化范围的图形称为弯矩包络图。（　）

442. 用来反映连续板、梁各个截面上剪力变化范围的图形称为剪力包络图。（　）

443. 弯矩包络图用来计算和配置各截面的纵向钢筋。（　）

444. 剪力包络图用来计算和配置箍筋与弯起钢筋。（　）

445. 弯矩包络图就是抵抗弯矩图。（　）

446. 单向板中受力钢筋的配筋形式有弯起式和分离式两种。（　）

447. 弯起式配筋的单向板整体性好，用钢量少，但施工较复杂。（　）

448. 分离式配筋的优点是构造简单、施工方便，缺点是用钢量比弯起式多，整体性较差，不宜用于承受动力荷载的板。（　）

449. 对于上部负弯矩钢筋，为了保证施工时钢筋的设计位置，当板厚小于 150 mm 时，可做成直抵板底的直钩。（　）

450. 板中伸入支座下部的钢筋，其间距不大于 400 mm，其截面面积不应小于跨中受力钢筋截面面积的 1/3。（　）

451. 连续次梁的折算荷载标准值为 $g_k' = g_k + q_k/4$，$q_k' = 3q_k/4$。（　）

452. 次梁跨中截面承载力计算时可以按 T 形截面计算。（　）

453. 连续次梁跨中按矩形截面计算，支座应按 T 形截面进行配筋计算。（　）

454. 连续次梁斜截面受剪承载力计算一般采用只配箍筋的方式。（　）

455. 次梁传给主梁的永久荷载和可变荷载均为集中力。（　）

456. 主梁考虑可变荷载的不利位置一般按弹性方法计算内力，并作弯矩包络图和剪力包络图。（　）

457. 肋形结构中主梁跨度一般为 5～10 m。（　）

458. 在主梁与次梁交接处应设置附加横向钢筋（箍筋或吊筋）。（　）

459. 当主梁的线刚度与柱的线刚度之比大于 2 时，可把主梁看作是以边墙和柱为铰

支座的多跨连续梁。 (　　)

460. 在双向板中，当配筋率相同时，采用较粗的钢筋较为有利。 (　　)

461. 在双向板中，当钢筋数量相同时，将板中间部分的钢筋排列较密些要比均匀布置有效。 (　　)

462. 双向板短跨方向的弯矩较大，钢筋应放在上层。 (　　)

463. 槽身横向结构设计中的底板配筋计算按照单筋矩形截面受弯进行设计。 (　　)

464. 计算渡槽底板跨中最大正弯矩时，不考虑人行桥上的人群荷载。 (　　)

465. 渡槽侧墙内侧受拉且位于临水面，需进行裂缝宽度验算。 (　　)

466. 矩形渡槽槽身纵向结构设计中的抗裂验算，应按照倒 T 形截面进行验算。 (　　)

467. 渡槽侧墙顶部厚度应不小于 80 mm。 (　　)

468. 渡槽侧墙顶部厚度应不小于侧墙总高的 1/20。 (　　)

469. 渡槽底板厚度应为侧墙厚度的 1/2~1 倍。 (　　)

470. 渡槽纵向不需要进行变形验算。 (　　)

471. 渡槽纵向不需要进行抗裂验算。 (　　)

472. 渡槽纵向不需要进行斜截面抗剪承载力计算。 (　　)

473. 荷载标准值相当于具有 90%保证率的 0.90 分位值。 (　　)

三、选择题

1. 下列哪项不属于建筑结构按所用材料不同进行的分类？（　　）
   A. 钢筋混凝土结构　　B. 框架结构
   C. 砌体结构　　D. 钢结构
2. 以下哪项不是钢筋和混凝土两种材料结合在一起共同工作的原因？（　　）
   A. 钢筋与混凝土之间存在良好的黏结性
   B. 具有相近的温度线膨胀系数
   C. 混凝土保护钢筋，提高混凝土结构的耐久性和耐火性
   D. 混凝土具有较好的抗压强度
3. 以下哪项不是钢筋混凝土结构的优点？（　　）
   A. 耐久性好　　B. 耐火性好
   C. 整体性好　　D. 自重大
4. 以下哪项不是钢筋混凝土结构的优点？（　　）
   A. 耐久性好　　B. 就地取材
   C. 可模性好　　D. 抗裂性好
5. 以下哪项不是钢筋混凝土结构的缺点？（　　）
   A. 自重大　　B. 抗裂性差
   C. 修补、加固困难　　D. 刚度小
6. 以下哪项不是钢筋混凝土结构的缺点？（　　）
   A. 施工复杂，工序多，工期长　　B. 修复、加固、补强比较困难
   C. 强度低　　D. 现浇费模板
7. 低碳钢的含碳量低于下列哪项？（　　）
   A. 0.15%　　B. 0.2%
   C. 0.25%　　D. 0.30%
8. 高碳钢的含碳量高于下列哪项？（　　）
   A. 0.8%　　B. 0.7%
   C. 0.6%　　D. 0.5%
9. 带肋钢筋表面不包括下列哪种肋纹？（　　）
   A. 月牙肋　　B. 人字纹
   C. 螺旋纹　　D. 波纹
10. RRB400 级钢筋的表示符号为下列哪项？（　　）
    A. Φ　　B. Φ
    C. Φ　　D. $Φ^{R}$
11. HRB335 级钢筋的表示符号为下列哪项？（　　）
    A. Φ　　B. Φ
    C. Φ　　D. $Φ^{R}$

12. 下列哪项为 HRB400 级钢筋的符号？（　　）

A. Φ　　B. Φ

C. Φ　　D. Φ^{R}

13. 下列哪项为 HPB235 级钢筋的符号？（　　）

A. Φ　　B. Φ

C. Φ　　D. Φ^{R}

14. HRB400 中的 400 代表下列哪项含义？（　　）

A. 钢筋强度的标准值　　B. 钢筋强度的设计值

C. 钢筋强度的平均值　　D. 钢筋强度的最大值

15. HRB335 中的 335 代表下列哪项含义？（　　）

A. 钢筋屈服强度的设计值　　B. 钢筋屈服强度的标准值

C. 钢筋极限抗拉强度　　D. 钢筋抗压强度

16. 以下哪项不能用于预应力混凝土结构？（　　）

A. 钢丝　　B. 钢绞线

C. 热轧钢筋　　D. 预应力用螺纹钢筋

17. 钢丝的直径一般小于等于下列哪项？（　　）

A. 3 mm　　B. 4 mm

C. 5 mm　　D. 6 mm

18. 钢筋的直径应大于等于下列哪项？（　　）

A. 4 mm　　B. 5 mm

C. 6 mm　　D. 8 mm

19. 软钢的应力应变曲线分为几个阶段？（　　）

A. 两个　　B. 三个

C. 四个　　D. 五个

20. 以下哪项不是钢筋的力学性能指标？（　　）

A. 屈服强度　　B. 极限抗拉强度

C. 冲击韧性　　D. 伸长率

21. 下列哪项不属于硬钢？（　　）

A. 热处理钢筋　　B. 钢丝

C. 热轧钢筋　　D. 钢绞线

22. 软钢从加载到拉断不包括下列哪个阶段？（　　）

A. 弹性阶段　　B. 屈服阶段

C. 破坏阶段　　D. 塑性阶段

23. 钢筋混凝土结构中常用的钢筋是下列哪项？（　　）

A. HPB235 级

B. HPB235 级，HRB335 级

C. HPB235 级，HRB335 级，HRB400 级

D. HPB235 级，HRB335 级，HRB400 级，RRB400 级

24. 当热轧钢筋的含碳量越高时,下列哪项叙述是正确的? ( )

A. 屈服台阶越长,伸长率越大,塑性越好,强度越高

B. 屈服台阶越短,伸长率越小,塑性越差,强度越高

C. 屈服台阶越短,伸长率越小,塑性越差,强度越低

D. 屈服台阶越长,伸长率越大,塑性越好,强度越低

25. 硬钢的条件屈服强度是指下列哪项? ( )

A. 钢筋应变为 0.2%时的应变

B. 由此应力卸载到钢筋应力为零时的残余应变为 0.2%

C. 钢筋弹性应变为 0.2%时的应力

D. 钢筋弹性应变为 0.02%时的应力

26. 下列哪项不是钢筋混凝土结构对钢筋性能的要求? ( )

A. 一定的强度　　B. 足够的塑性

C. 良好的黏结力　　D. 耐久性

27. 混凝土的组成不包括下列哪项? ( )

A. 石灰　　B. 水

C. 水泥　　D. 骨料

28. 若混凝土的强度等级为 C25,则下列哪项叙述是正确的? ( )

A. 抗压强度设计值 $f_c = 25$ MPa

B. 抗压强度标准值 $f_{ck} = 25$ MPa

C. 立方体抗压强度标准值 $f_{cu,k} = 25$ MPa

D. 抗拉强度标准值 $f_{tk} = 25$ MPa

29. 混凝土立方体抗压强度所采用的立方体标准尺寸是下列哪项? ( )

A. 150 cm×150 cm×150 cm　　B. 150 mm×150 mm×150 mm

C. 100 mm×100 mm×100 mm　　D. 200 mm×200 mm×200 mm

30. 混凝土的强度等级是根据下列哪项确定的? ( )

A. 立方体抗压强度设计值　　B. 立方体抗压强度标准值

C. 立方体抗压强度平均值　　D. 具有 90%保证率的立方体抗压强度

31. 可变荷载标准值具有的保证率应为下列哪项数值? ( )

A. 80%　　B. 90%

C. 95%　　D. 100%

32. 混凝土强度标准值是具有多少保证率的强度取值? ( )

A. 100%　　B. 95%

C. 90%　　D. 85%

33. 1 MPa 等于下列哪项? ( )

A. 1 N/m^2　　B. 1 kN/m^2

C. 1 N/mm^2　　D. 1 kg/mm^2

34. 下列哪项不属于高强度混凝土? ( )

A. C40　　B. C50

C. C55　　D. C60

35. 若混凝土的强度等级为 C20，则数字 20 表示下列哪项的强度标准值为 20 N/mm^2？（　　）

A. 轴心受拉　　B. 立方体抗压

C. 轴心抗压　　D. 圆柱体抗压

36. 在水利水电工程中，当采用 HRB335 级钢筋时，钢筋混凝土结构的混凝土强度等级一般不宜低于下列哪项？（　　）

A. C10　　B. C15

C. C20　　D. C25

37. 预应力混凝土结构构件的混凝土强度等级不应低于下列哪项？（　　）

A. C30　　B. C40

C. C50　　D. C60

38. 结构设计中采用的混凝土抗压强度是下列哪项？（　　）

A. 立方体强度　　B. 棱柱体强度

C. 弯曲抗压强度　　D. 圆柱体强度

39. 当采用钢绞线、钢丝作预应力钢筋时，混凝土强度等级不宜低于下列哪项？（　　）

A. C30　　B. C40

C. C50　　D. C60

40. 混凝土的最大拉应变与下列哪项最接近？（　　）

A. $(1\sim1.5)\times10^{-4}$　　B. $(2\sim3)\times10^{-4}$

C. $(1\sim1.5)\times10^{-3}$　　D. $(2\sim3)\times10^{-3}$

41. 混凝土的最大压应变一般与下列哪项最接近？（　　）

A. 0. 002　　B. 0. 003 3

C. 0. 004　　D. 0. 005

42. 混凝土的水灰比越大，水泥用量越多，则徐变及收缩值如何变化？（　　）

A. 越大　　B. 越小

C. 基本不变　　D. 不变

43. 影响混凝土徐变的因素不包括下列哪项？（　　）

A. 应力条件　　B. 周围环境

C. 加荷龄期　　D. 结构安全级别

44. 影响混凝土徐变的因素包括下列哪项？（　　）

A. 水泥用量　　B. 水灰比

C. 骨料弹性模量　　D. 以上三项均是

45. 减小混凝土收缩的方法不包括下列哪项？（　　）

A. 减小水灰比　　B. 增加配筋率

C. 减少水泥用量　　D. 加强养护

46. 水工混凝土的环境条件划分为几类？（　　）

A. 三类　　B. 四类
C. 五类　　D. 六类

47. 室内正常环境属于下列哪类环境？（　）
A. 一类　　B. 二类
C. 三类　　D. 四类

48. 室内潮湿环境属于下列哪类环境？（　）
A. 一类　　B. 二类
C. 三类　　D. 四类

49. 露天环境属于下列哪类环境？（　）
A. 一类　　B. 二类
C. 三类　　D. 四类

50. 淡水水位变动区属于下列哪类环境？（　）
A. 一类　　B. 二类
C. 三类　　D. 四类

51. 使用除冰盐的环境属于下列哪类环境？（　）
A. 一类　　B. 二类
C. 四类　　D. 五类

52. 钢筋与混凝土之间的黏结力的影响因素不包括下列哪项？（　）
A. 混凝土强度　　B. 混凝土保护层厚度
C. 钢筋表面粗糙程度　　D. 钢筋直径大小

53. 钢筋与混凝土之间黏结力的组成不包括下列哪项？（　）
A. 摩擦阻力　　B. 化学胶着力
C. 吸引力　　D. 机械咬合力

54. 受拉钢筋的最小锚固长度与下列哪项因素无关？（　）
A. 混凝土强度等级　　B. 混凝土厚度
C. 钢筋强度级别　　D. 钢筋直径

55. 纵向受压钢筋的锚固长度不应小于受拉钢筋锚固长度数值的多少倍？（　）
A. 0.7　　B. 0.8
C. 1.2　　D. 1.5

56. 采用附加锚固后，钢筋最小锚固长度可按规定的 l_a 乘以下列哪项附加锚固折减系数取用？（　）
A. 0.5　　B. 0.6
C. 0.7　　D. 0.8

57. 受压钢筋的锚固长度与受拉钢筋的锚固长度相比，下列哪项是正确的？（　）
A. 受压钢筋的锚固长度大　　B. 受压钢筋的锚固长度小
C. 相同　　D. 不确定

58. 钢筋半圆弯钩的弯后平直段长度不应小于下列哪项？（　）
A. $3d$　　B. $4d$

C. $5d$　　D. $10d$

59. 当板厚小于下列哪项数值时，板的上层钢筋可做成直到板底的直钩？（　　）

A. 100 mm　　B. 120 mm

C. 150 mm　　D. 200 mm

60. 当混凝土强度等级由 C20 变为 C30 时，受拉钢筋的最小锚固长度 l_a 按下列哪项变化？（　　）

A. 增大　　B. 减小

C. 不变　　D. 基本不变

61. 钢筋连接的方法不包括下列哪种？（　　）

A. 绑扎搭接　　B. 焊接连接

C. 机械连接　　D. 角接

62. 当钢筋采用绑扎搭接接头时，梁内受拉钢筋的面积搭接率不宜超过下列哪项数值？（　　）

A. 1/4　　B. 1/3

C. 1/2　　D. 3/4

63. 当钢筋采用绑扎搭接接头时，受压钢筋的面积搭接率不宜超过下列哪项数值？（　　）

A. 1/4　　B. 1/3

C. 1/2　　D. 3/4

64. 钢筋的接头位置宜设置在构件的哪个部位？（　　）

A. 受力较小处　　B. 受力较大处

C. 中间　　D. 任意位置

65. 在任何情况下，纵向受拉钢筋绑扎搭接接头的搭接长度均不应小于下列哪项数值？（　　）

A. 200 mm　　B. 300 mm

C. 400 mm　　D. 500 mm

66. 钢筋绑扎搭接连接接头连接区段的长度为下列哪项？（　　）

A. l_l　　B. $1.1l_l$

C. $1.2l_l$　　D. $1.3l_l$

67. 钢筋焊接连接不包括下列哪项？（　　）

A. 闪光对焊　　B. 搭接焊

C. 帮条焊　　D. 气焊

68. 钢筋半圆弯钩（人工弯钩）的长度应不小于下列哪项？（　　）

A. $3.25d$　　B. $4.25d$

C. $5.25d$　　D. $6.25d$

69. 为了保证绑扎的黏结强度的可靠性，下列哪项是正确的？（　　）

A. 所有钢筋末端必须做成半圆弯钩

B. 所用光圆钢筋末端必须做成半圆弯钩

C. 受拉的光圆钢筋末端必须做成半圆弯钩

D. 受拉的带肋钢筋末端必须做成半圆弯钩

70. 下列关于受拉钢筋绑扎搭接长度 l_l 与锚固长度 l_a 的关系哪项是正确的？（　　）

A. $l_l=l_a$　　B. $l_l>l_a$

C. $l_l<l_a$　　D. $l_l\leq l_a$

71. 钢筋机械连接接头连接区段的长度应为下列哪项？（　　）

A. 35d　　B. 40d

C. 45d　　D. 50d

72. 位于同一连接区段内纵向受拉钢筋的焊接接头面积百分率不应大于下列哪项？

（　　）

A. 25%　　B. 50%

C. 75%　　D. 100%

73. 搭接焊和帮条焊接头宜采用双面焊缝，钢筋（HRB335 级）的搭接长度不应小于下列哪项？（　　）

A. 5d　　B. 10d

C. 15d　　D. 20d

74. 钢筋机械连接接头连接区段的长度取值为下列哪项？（　　）

A. 25d　　B. 30d

C. 35d　　D. 40d

75. 机械连接接头连接件之间的横向净间距不宜小于下列哪项数值？（　　）

A. 25 mm　　B. 30 mm

C. 35 mm　　D. 40 mm

76. 建筑结构设计应满足的功能要求是下列哪项？（　　）

A. 经济、适用、美观　　B. 安全性、适用性、耐久性

C. 安全、舒适、经济　　D. 安全性、稳定性、耐久性

77. 以下哪项不是结构设计应满足的功能要求？（　　）

A. 安全性　　B. 耐久性

C. 抗冻性　　D. 适用性

78. 某钢筋混凝土梁工作中由于产生过大的裂缝而影响正常使用，则可认定此构件不满足下列哪项功能要求？（　　）

A. 安全性　　B. 适用性

C. 耐久性　　D. 上述三项均不满足

79. 下列哪种情况可以认为是不满足正常使用极限状态？（　　）

A. 挡土墙滑移　　B. 构件受力超过材料强度而破坏

C. 柱受压丧失稳定　　D. 梁的挠度超过限值

80. 在承载能力极限状态设计中，材料强度的取值应为下列哪项？（　　）

A. 设计值　　B. 平均值

C. 标准值　　D. 均可

81. 在正常使用极限状态验算中,材料强度的取值应为下列哪项? ( )

A. 设计值 B. 平均值

C. 标准值 D. 均可

82. 以下哪项不是结构或构件超过承载能力对应的状态? ( )

A. 整个结构或结构的一部分失去刚体平衡

B. 结构构件因超过材料强度而破坏

C. 影响结构正常使用或外观的变形

D. 结构或结构构件丧失稳定

83. 下列哪项不属于永久荷载? ( )

A. 梁的自重 B. 风荷载

C. 固定设备自重 D. 板的自重

84. 下列哪项不属于可变荷载? ( )

A. 雪荷载 B. 楼面活荷载

C. 浪压力 D. 结构自重

85. 下列哪种荷载属于可变荷载? ( )

A. 结构自重 B. 固定设备重量

C. 地震作用 D. 雪荷载

86. 钢筋混凝土构件的抗力主要与下列哪项有关? ( )

A. 材料强度和截面尺寸 B. 材料强度和荷载

C. 材料强度 D. 荷载

87. 结构构件的抗力与下列哪个因素无关? ( )

A. 截面尺寸 B. 材料强度

C. 荷载 D. A+B

88. 荷载标准值是具有下列哪项保证率的荷载取值? ( )

A. 80% B. 90%

C. 95% D. 100%

89. 材料强度设计值与其标准值相比的大小关系为下列哪项? ( )

A. 材料强度设计值大于材料强度标准值

B. 材料强度设计值小于材料强度标准值

C. 材料强度设计值等于材料强度标准值

D. 不确定

90. 结构构件的功能函数 $Z=R-S$,下列叙述哪项是正确的? ( )

A. $Z>0$,结构安全 B. $Z=0$,结构失效

C. $Z<0$,结构安全 D. $Z>0$,结构失效

91. 下列关于可靠指标 β 与失效概率 P_f 之间的关系叙述哪项是正确的? ( )

A. 可靠指标 β 愈小,失效概率 P_f 愈大

B. 可靠指标 β 愈小,失效概率 P_f 愈小

C. 可靠指标 β 愈大,失效概率 P_f 愈大

D. 可靠指标 β 愈大,失效概率 P_f 不变

92. 1 级水工建筑物基本组合时的承载力安全系数 K 应取下列哪项数值? (　　)

A. 1. 35　　B. 1. 25

C. 1. 20　　D. 1. 0

93. 4 级水工建筑物基本组合时的承载力安全系数 K 应取下列哪项数值? (　　)

A. 1. 35　　B. 1. 25

C. 1. 20　　D. 1. 15

94. 1 级水工建筑物的设计使用年限应为下列哪项? (　　)

A. 25 年　　B. 50 年

C. 75 年　　D. 100 年

95. 建筑结构可靠度设计统一标准规定,普通构筑物设计使用年限应为下列哪项? (　　)

A. 25 年　　B. 50 年

C. 75 年　　D. 100 年

96. 结构的目标可靠指标取值与下列哪项无关? (　　)

A. 建筑物级别　　B. 极限状态

C. 破坏性质　　D. 结构种类

97. 承载能力极限状态设计不需要考虑下列哪种组合? (　　)

A. 基本组合　　B. 偶然组合

C. 长期组合　　D. A+B

98. 关于单筋截面的概念,下列叙述哪项是正确的? (　　)

A. 仅在受压区配置纵向钢筋的截面

B. 仅在受压区配置纵向受力钢筋的截面

C. 仅在受拉区配置纵向受力钢筋的截面

D. 仅在受拉区配置纵向钢筋的截面

99. 关于双筋截面的概念,下列叙述哪项是正确的? (　　)

A. 在受拉区与受压区都配置纵向钢筋的截面

B. 在受拉区与受压区都配置纵向受力钢筋的截面

C. 在受拉区与受压区都配置纵向受拉钢筋的截面

D. 配置双层受力钢筋的截面

100. 梁高 800 mm 以上按下列哪项模数递增? (　　)

A. 10 mm　　B. 50 mm

C. 80 mm　　D. 100 mm

101. 梁宽 250 mm 以上按下列哪项模数递增? (　　)

A. 10 mm　　B. 30 mm

C. 50 mm　　D. 100 mm

102. 板厚 250 mm 以下按下列哪项数值递增? (　　)

A. 10 mm　　B. 20 mm

C. 30 mm D. 50 mm

103. 板厚在 250~800 mm 时按下列哪项数值递增？ ( )

A. 10 mm B. 20 mm

C. 50 mm D. 100 mm

104. 板厚 800 mm 以上按下列哪项数值递增？ ( )

A. 10 mm B. 20 mm

C. 50 mm D. 100 mm

105. 下列关于混凝土保护层叙述正确的是哪项？ ( )

A. 纵向受力钢筋重心到混凝土近表面的距离

B. 纵向受力钢筋外边缘到混凝土近表面的距离

C. 纵向受力钢筋重心到混凝土远表面的距离

D. 纵向受力钢筋外边缘到混凝土远表面的距离

106. 下列哪项不是混凝土保护层的作用？ ( )

A. 保证钢筋与混凝土之间的黏结 B. 保证结构构件的耐久性

C. 保证结构构件的耐火性 D. 保证结构构件的整体性

107. 梁的混凝土保护层厚度规定不包括下列哪项？ ( )

A. 不应小于最大钢筋直径

B. 不应小于最小钢筋直径

C. 不应小于粗骨料最大粒径的 1.25 倍

D. 不应小于规范相关规定

108. 钢筋端头保护层厚度不应小于下列哪项数值？ ( )

A. 15 mm B. 20 mm

C. 25 mm D. 30 mm

109. 梁中箍筋和构造钢筋的保护层厚度不应小于下列哪项数值？ ( )

A. 15 mm B. 25 mm

C. 35 mm D. 40 mm

110. 下列关于梁的截面有效高度的叙述哪项是正确的？ ( )

A. 受拉钢筋中心到截面受压边缘的距离

B. 受拉钢筋外边缘到截面受压边缘的距离

C. 受压钢筋合力点到截面受压边缘的距离

D. 受拉钢筋合力点到截面受压边缘的距离

111. 当梁的钢筋为一层布置时，a_s 一般可近似取用下列哪项数值？ ( )

A. 20~30 mm B. 30~40 mm

C. 40~50 mm D. 50~60 mm

112. 当梁的钢筋为两层布置时，a_s 一般可近似取用下列哪项数值？ ( )

A. 50~60 mm B. 65~75 mm

C. 75~85 mm D. 80~90 mm

113. 板设计时钢筋直径 d 可初选为 10 mm，a_s 一般可近似取用下列哪项数值？（　）

A. 25～35 mm　B. 35～45 mm

C. 45～55 mm　D. 55～65 mm

114. 某钢筋混凝土梁受力钢筋（一层）的混凝土保护层为 30 mm，受力钢筋直径为 20 mm，则钢筋的计算保护层厚度 a_s 应取下列哪项？（　）

A. 35 mm　B. 40 mm

C. 50 mm　D. 55 mm

115. 某钢筋混凝土梁受力钢筋（两层）的混凝土保护层为 35 mm，受力钢筋直径为 20 mm，$e=30$ mm，则钢筋的计算保护层厚度 a_s 应取下列哪项？（　）

A. 40 mm　B. 55 mm

C. 65 mm　D. 70 mm

116. 梁内常用的纵向受力钢筋直径为下列哪项？（　）

A. 6～12 mm　B. 6～20 mm

C. 20～28 mm　D. 12～28 mm

117. 梁内下部受力钢筋之间的水平净距不应小于下列哪项数值？（　）

A. 20 mm　B. 25 mm

C. 30 mm　D. 40 mm

118. 梁内上部受力钢筋之间的水平净距不应小于下列哪项数值？（　）

A. 20 mm　B. 25 mm

C. 30 mm　D. 40 mm

119. 当钢筋混凝土梁的跨度为 5 m 时，其架立钢筋的直径不应小于下列哪项？（　）

A. 8 mm　B. 10 mm

C. 12 mm　D. 14 mm

120. 当钢筋混凝土梁的跨度为 3 m 时，其架立钢筋的直径不应小于下列哪项？（　）

A. 8 mm　B. 10 mm

C. 12 mm　D. 14 mm

121. 当钢筋混凝土梁的跨度为 8 m 时，其架立钢筋的直径不应小于下列哪项？（　）

A. 8 mm　B. 10 mm

C. 12 mm　D. 14 mm

122. 下列哪个梁需要设置腰筋？（　）

A. 梁高 $h=300$ mm　B. 梁高 $h=400$ mm

C. 梁高 $h=450$ mm　D. 梁高 $h=550$ mm

123. 下列哪个梁需要设置拉筋？（　）

A. 梁高 $h=350$ mm　B. 梁高 $h=400$ mm

C. 梁高 $h=450$ mm　　D. 梁高 $h=500$ mm

124. 梁内每侧腰筋的截面面积不应小于下列哪项？（　　）

A. 腹板截面面积 bh_w 的 0.1%　　B. 腹板截面面积 bh_w 的 0.15%

C. 腹板截面面积 bh_w 的 0.2%　　D. 腹板截面面积 bh_w 的 0.25%

125. 梁内每侧腰筋的间距不宜大于下列哪项？（　　）

A. 100 mm　　B. 150 mm

C. 200 mm　　D. 250 mm

126. 梁内拉筋直径一般取下列哪项？（　　）

A. 与箍筋直径相同　　B. 箍筋直径的 1.5 倍

C. 箍筋直径的 2 倍　　D. 箍筋直径加 2 mm

127. 梁内拉筋间距一般取下列哪项？（　　）

A. 箍筋间距的倍数　　B. 500~700 mm

C. 箍筋间距的 2 倍　　D. A+B

128. 梁内箍筋的作用不包括下列哪项？（　　）

A. 固定纵筋的位置　　B. 提高梁的抗剪能力

C. 提高梁的抗扭能力　　D. 提高梁的抗弯能力

129. 下列哪种情况需要设置复合箍筋？（　　）

A. 当梁的宽度大于 400 mm

B. 当梁的一层内的纵向受压钢筋多于 3 根

C. 当梁的宽度大于 400 mm 或一层内的纵向受压钢筋多于 3 根

D. 当梁的宽度大于 400 mm 且一层内的纵向受压钢筋多于 3 根

130. 下列哪种情况需要设置复合箍筋？（　　）

A. 当梁的宽度不大于 400 mm

B. 当梁的一层内的纵向受力钢筋多于 4 根

C. 当梁的宽度不大于 400 mm 且一层内的纵向受压钢筋多于 4 根

D. 当梁的宽度不大于 400 mm 且一层内的纵向受拉钢筋多于 4 根

131. 关于梁内箍筋的最小直径要求，下列哪项叙述是错误的？（　　）

A. 梁高 $h>800$ mm，箍筋直径不宜小于 8 mm

B. 梁高 $h\leqslant 800$ mm，箍筋直径不宜小于 6 mm

C. 当梁内配有纵向受压钢筋时，箍筋直径不应小于 $d/4$（d 为受压钢筋中的最大直径）

D. 梁高 $h>800$ mm，箍筋直径不宜小于 10 mm

132. 梁内箍筋一般从梁边（或墙边）何处开始设置？（　　）

A. 50 mm　　B. 100 mm

C. 150 mm　　D. 200 mm

133. 关于梁内箍筋设置的叙述，下列哪项是错误的？（　　）

A. 若按计算需要配置箍筋，一般可在梁的全长均匀布置箍筋，也可以在梁两端剪力较大的部位布置得密一些

B. 若按计算不需配置箍筋，对高度 h 大于 300 mm 的梁，仍应沿全梁布置箍筋

C. 若按计算不需配置箍筋，对高度 h 小于 300 mm 的梁，可仅在构件端部各 1/4 跨度范围内配置箍筋

D. 都应该均匀布置

134. 关于梁内箍筋的最大间距要求，下列哪项叙述是错误的？　（　）

A. 箍筋的最大间距不得大于《水工钢筋混凝土结构》教材中表 2-1 所列的数值

B. 当梁中配有计算需要的纵向受压钢筋，箍筋的间距在绑扎骨架中不应大于 $15d$，在焊接骨架中不应大于 $20d$（d 为受压钢筋中的最小直径）

C. 任何情况下均不应大于 400 mm

D. 任何情况下均不应大于 300 mm

135. 梁中弯起钢筋的弯起角一般为 45°，当梁高不小于下列哪项数值时也可用 60°？　（　）

A. 500 mm　　B. 600 mm

C. 700 mm　　D. 900 mm

136. 弯起钢筋的弯折终点直线锚固长度在受拉区不应小于下列哪项数值？　（　）

A. 10 倍弯起钢筋直径　　B. 20 倍弯起钢筋直径

C. 30 倍弯起钢筋直径　　D. 40 倍弯起钢筋直径

137. 弯起钢筋的弯折终点直线锚固长度在受压区不应小于下列哪项数值？　（　）

A. 10 倍弯起钢筋直径　　B. 20 倍弯起钢筋直径

C. 30 倍弯起钢筋直径　　D. 40 倍弯起钢筋直径

138. 板内通常配置下列哪种钢筋？　（　）

A. 受力钢筋和架立钢筋　　B. 受力钢筋和箍筋

C. 受力钢筋和分布钢筋　　D. 受力钢筋和拉筋

139. 对于遭受剧烈温湿度变化作用的混凝土结构表面，常设置一定数量的下列哪种钢筋？　（　）

A. 钢筋束　　B. 钢丝束

C. 钢筋网　　D. 预应力钢筋

140. 板中分布钢筋应根据下列哪项配置？　（　）

A. 构造　　B. 正截面承载力计算

C. 斜截面承载力　　D. A+B

141. 板内受力钢筋的常用直径为下列哪项？　（　）

A. 6~12 mm　　B. 6~20 mm

C. 20~28 mm　　D. 12~28 mm

142. 关于板中受力钢筋的最大间距要求，下列叙述哪项是错误的？　（　）

A. 当板厚 $h \leq 200$ mm 时，$s \leq 150$ mm

B. 当 200 mm$<h\leq$1 500 mm 时，$s \leq 250$ mm

C. 当板厚 $h>$1 500 mm 时，$s \leq 0.2h$ 且 $s \leq 300$ mm

D. 当板厚 $h \leq 200$ mm 时，$s \leq 200$ mm

143. 板内钢筋之间的间距不宜过小,一般情况下不宜小于下列哪项数值? ( )

A. 50 mm　　B. 60 mm

C. 70 mm　　D. 100 mm

144. 板中弯起钢筋的弯起角不宜小于下列哪项数值? ( )

A. 30°　　B. 45°

C. 60°　　D. 75°

145. 分布钢筋的作用不包括下列哪项? ( )

A. 将板面荷载均匀地传递给受力钢筋

B. 防止因温度变化或混凝土收缩等原因,沿板跨方向产生裂缝

C. 抵抗剪力

D. 固定受力钢筋处于正确位置

146. 板内分布钢筋是垂直于板受力钢筋方向布置的构造钢筋,位于受力钢筋哪个位置? ( )

A. 外侧　　B. 内侧

C. 内侧、外侧都可以　　D. 不确定

147. 单向板中每米板宽内分布钢筋的截面面积不小于下列哪项? ( )

A. 受力钢筋截面面积的25%　　B. 受力钢筋截面面积的20%

C. 受力钢筋截面面积的15%　　D. 受力钢筋截面面积的10%

148. 单向板中每米板宽内分布钢筋的截面面积(集中荷载时)不小于下列哪项? ( )

A. 受力钢筋截面面积的25%　　B. 受力钢筋截面面积的20%

C. 受力钢筋截面面积的15%　　D. 受力钢筋截面面积的10%

149. 下列关于板中分布钢筋的间距规定哪项是错误的? ( )

A. 分布钢筋的间距不宜大于250 mm

B. 当集中荷载较大时,分布钢筋的间距不宜大于200 mm

C. 承受分布荷载的厚板,分布钢筋的间距可为200~400 mm

D. 分布钢筋的间距不宜大于200 mm

150. 板中分布钢筋的直径不宜小于下列哪项数值? ( )

A. 6 mm　　B. 8 mm

C. 10 mm　　D. 12 mm

151. 承受分布荷载的厚板,分布钢筋的直径可采用下列哪项? ( )

A. 6~12 mm　　B. 8~20 mm

C. 10~16 mm　　D. 16~25 mm

152. 适量配筋的钢筋混凝土梁与素混凝土梁相比,其承载能力的叙述中,下列哪项是正确的? ( )

A. 承载力有所下降　　B. 承载力提高很多

C. 承载力不变　　D. 不确定

153. 适筋梁受力过程的第三个工作阶段是进行下列哪项计算所依据的应力阶段？ （ ）

A. 抗裂验算　　B. 变形验算

C. 裂缝宽度验算　　D. 正截面承载力计算

154. 适筋梁受力过程的第一个工作阶段末尾是进行下列哪项计算所依据的应力阶段？ （ ）

A. 抗裂验算　　B. 变形验算

C. 裂缝宽度验算　　D. 正截面承载力计算

155. 适筋梁受力过程的第二个工作阶段是进行下列哪项计算所依据的应力阶段？ （ ）

A. 抗裂验算　　B. 变形验算

C. 裂缝宽度验算　　D. 变形验算和裂缝宽度验算

156. 钢筋混凝土梁裂缝宽度验算时截面的应力阶段是下列哪个阶段？ （ ）

A. 第Ⅱ阶段　　B. 第Ⅰ阶段末尾

C. 第Ⅱ阶段开始　　D. 第Ⅱ阶段末尾

157. 钢筋混凝土梁抗裂验算时截面的应力阶段是下列哪个阶段？ （ ）

A. 第Ⅱ阶段　　B. 第Ⅰ阶段末尾

C. 第Ⅱ阶段开始　　D. 第Ⅱ阶段末尾

158. 下列结构中，哪个不需要进行抗裂验算？ （ ）

A. 梁式矩形渡槽底板　　B. 水闸底板

C. 圆形压力水管　　D. 水电站吊车梁

159. 钢筋混凝土梁实际配筋率等于最大配筋率时发生的破坏是下列哪种破坏？ （ ）

A. 适筋破坏　　B. 超筋破坏

C. 少筋破坏　　D. 界限破坏

160. 钢筋混凝土梁实际配筋率小于最小配筋率时发生的破坏是下列哪种破坏？ （ ）

A. 适筋破坏　　B. 超筋破坏

C. 少筋破坏　　D. 界限破坏

161. 钢筋混凝土梁实际配筋率大于最大配筋率时发生的破坏是下列哪种破坏？ （ ）

A. 适筋破坏　　B. 超筋破坏

C. 少筋破坏　　D. 界限破坏

162. 适筋梁正截面受力过程中，在受拉区混凝土开裂的瞬间，下列叙述哪项是正确的？ （ ）

A. 钢筋达到屈服　　B. 钢筋应力突增

C. 钢筋应力突降　　D. 混凝土达到抗压强度

163. 适筋破坏的特征是下列哪项？ （ ）

A. 受拉钢筋应力达不到屈服强度,受压区混凝土达到极限压应变被压碎
B. 受拉钢筋应力先达到屈服强度,受压区混凝土达到极限压应变被压碎
C. 受拉钢筋应力先达到屈服强度,受压区混凝土没有被压碎
D. 受拉钢筋应力达不到屈服强度,受压区混凝土没有被压碎

164. 超筋破坏的特征是下列哪项? ( )
A. 受拉钢筋达不到屈服强度,受压区混凝土没有被压碎
B. 受拉钢筋达到屈服强度,受压区混凝土没有被压碎
C. 受拉钢筋达到屈服强度,受压区混凝土达到极限压应变被压碎
D. 受拉钢筋达不到屈服强度,受压区混凝土达到极限压应变被压碎

165. 受拉钢筋的配筋率 ρ 用下列哪项表示? ( )
A. $\rho=A_s/(bs)\times100\%$　　B. $\rho=A_s/(ba)\times100\%$
C. $\rho=A_s/(bh_0)\times100\%$　　D. $\rho=A_s/(bh)\times100\%$

166. 某钢筋混凝土梁的箍筋为φ6@100,则拉筋应配下列哪项比较合适? ( )
A. φ6@200　　B. φ6@400
C. φ6@500　　D. φ6@800

167. 某钢筋混凝土梁的箍筋为φ8@120,则拉筋应配下列哪项比较合适? ( )
A. φ8@300　　B. φ8@400
C. φ8@500　　D. φ8@600

168. 某梁的主筋直径是20 mm,箍筋为φ8@120,则箍筋弯钩增加长度应为下列哪项? ( )
A. 100 mm　　B. 120 mm
C. 140 mm　　D. 160 mm

169. 某梁的主筋直径是20 mm,箍筋为φ6@150,则箍筋弯钩增加长度应为下列哪项? ( )
A. 100 mm　　B. 120 mm
C. 140 mm　　D. 160 mm

170. 某梁的主筋直径是20 mm,箍筋为φ10@150,则箍筋的弯钩增加长度应为下列哪项? ( )
A. 100 mm　　B. 120 mm
C. 140 mm　　D. 160 mm

171. 某钢筋混凝土梁受力钢筋(一层)的混凝土保护层为35 mm,受力钢筋直径为20 mm,则钢筋的计算保护层厚度 a_s 应取下列哪项数值最合适? ( )
A. 40 mm　　B. 45 mm
C. 50 mm　　D. 55 mm

172. 某钢筋混凝土梁受力钢筋(两层)的混凝土保护层为30 mm,受力钢筋直径为20 mm,则钢筋的计算保护层厚度 a_s 应取下列哪项数值最合适? ( )
A. 40 mm　　B. 55 mm
C. 65 mm　　D. 75 mm

173. 下列哪项处于梁的经济配筋率范围内？ (　　)

A. 0.4%　　B. 0.8%

C. 1.6%　　D. 2.0%

174. 下列哪项处于现浇钢筋混凝土板的经济配筋率范围内？ (　　)

A. 0.2%　　B. 0.3%

C. 0.6%　　D. 1.0%

175. 梁板设计时，若按初选截面计算的配筋率大于最大配筋率，原因是下列哪项？ (　　)

A. 配筋过少　　B. 初选截面过小

C. 初选截面过大　　D. 钢筋强度过高

176. 梁板设计时，若按初选截面计算的配筋率小于最小配筋率，原因是下列哪项？ (　　)

A. 配筋过少　　B. 初选截面过小

C. 初选截面过大　　D. 钢筋强度过高

177. 一类环境钢筋混凝土梁的混凝土保护层最小取下列哪项？ (　　)

A. 20 mm　　B. 25 mm

C. 30 mm　　D. 35 mm

178. 一类环境钢筋混凝土板的混凝土保护层最小为下列哪项？ (　　)

A. 10 mm　　B. 15 mm

C. 20 mm　　D. 25 mm

179. 截面尺寸与材料品种确定后，梁的正截面抗弯承载力与受拉纵向钢筋配筋率 ρ 之间的关系，下列叙述哪项是正确的？ (　　)

A. ρ 愈大，正截面抗弯承载力也愈大

B. ρ 愈小，正截面抗弯承载力也愈大

C. 当 $\rho_{min} \leqslant \rho \leqslant \rho_{max}$ 时，ρ 愈大，正截面抗弯承载力也愈大

D. 正截面抗弯承载力与 ρ 无关

180. 单筋矩形截面梁，当 $\rho \geqslant \rho_{max}$ 时，关于梁的承载力的叙述，下列哪项是正确的？ (　　)

A. 随 ρ 的增加而增加　　B. 随 ρ 的增加而减小

C. 不随 ρ 的变化而变化　　D. 为零

181. 钢筋混凝土单筋矩形截面梁中的架立钢筋，计算时按下列哪项考虑？ (　　)

A. 不考虑其承担压力　　B. 考虑其协助混凝土承担压力

C. 考虑其承担剪力　　D. 考虑其承担拉力

182. 配置适量热轧钢筋的钢筋混凝土梁，受拉钢筋屈服后其正截面承载力将按下列哪项变化？ (　　)

A. 维持恒值不变　　B. 有所增加

C. 有所降低　　D. 为零

183. 下列叙述哪项是错误的？ (　　)

A. 梁的斜截面承载能力包括斜截面受剪承载力和斜截面受弯承载力
B. 斜的截面受剪承载力通过计算配置腹筋来保证
C. 斜的截面受弯承载力通过构造措施来保证
D. 斜的截面受弯承载力通过计算来保证

184. 有腹筋梁斜截面抗剪承载力与下列哪项因素有关？ （ ）
A. 剪跨比 B. 腹筋用量
C. 混凝土强度 D. 以上都是

185. 梁斜截面破坏的主要形态没有下列哪种？ （ ）
A. 斜拉破坏 B. 剪压破坏
C. 斜压破坏 D. 斜弯破坏

186. 限制梁的最小配箍率是防止梁发生下列哪种破坏？ （ ）
A. 斜拉破坏 B. 少筋破坏
C. 斜压破坏 D. 剪压破坏

187. 限制梁的箍筋最大间距是防止梁发生下列哪种破坏？ （ ）
A. 斜拉破坏 B. 少筋破坏
C. 斜压破坏 D. 剪压破坏

188. 当梁截面尺寸过小，配置的腹筋过多，剪力较大时，梁可能发生下列哪种破坏？
（ ）
A. 斜拉破坏 B. 少筋破坏
C. 斜压破坏 D. 剪压破坏

189. 梁的配箍率过大时，在荷载作用下，可能产生的破坏形态是下列哪种？ （ ）
A. 剪压破坏 B. 斜拉破坏
C. 斜压破坏 D. 弯剪破坏

190. 有腹筋梁抗剪力计算公式中的 $0.7f_tbh_0$ 代表下列哪项抗剪能力？ （ ）
A. 混凝土的 B. 不仅是混凝土的
C. 纵筋与混凝土的 D. 纵筋的

191. 有腹筋梁受剪计算公式中的 $1.25f_{yv}\dfrac{A_{sv}}{s}h_0$ 代表下列哪项抗剪能力？ （ ）
A. 混凝土的 B. 不仅是混凝土的
C. 纵筋与混凝土的 D. 箍筋的

192. 箍筋对斜裂缝出现的影响，下列叙述哪项是正确的？ （ ）
A. 影响很大 B. 不如纵筋大
C. 无影响 D. 影响不大

193. 抗剪公式适用的上限值，是为了保证下列哪项？ （ ）
A. 构件不发生斜压破坏 B. 构件不发生剪压破坏
C. 构件不发生斜拉破坏 D. 箍筋不致配的太多

194. 在下列哪项情况下，梁斜截面宜设置弯起钢筋？ （ ）
A. 梁剪力小

B. 剪力很大,仅配箍筋不足时(箍筋直径过大或间距过密)

C. 跨中梁下部具有较多的 $+M$ 纵筋,而支座 $-M$ 小

D. 为使纵筋强度得以充分利用来承受 $-M$

195. 在进行斜截面受剪承载力设计时,是针对下列哪种破坏形态给出其计算公式? (　　)

A. 斜压破坏　　B. 剪压破坏

C. 斜拉破坏　　D. 局部受压

196. 剪压破坏发生的剪跨比条件为下列哪项? (　　)

A. $\lambda<1$　　B. $1<\lambda\leqslant3$

C. $\lambda>3$　　D. $\lambda>6$

197. 下列哪项不是受剪承载力的计算位置? (　　)

A. 支座边缘　　B. 受拉区弯起钢筋弯起点处

C. 箍筋面积或间距改变处　　D. 跨中截面

198. 下列哪种情况下可不进行斜截面受剪承载力计算,仅需按构造要求配置箍筋? (　　)

A. 当 $KV\leqslant0.7V_c$ 时　　B. 当 $KV\leqslant0.8V_c$ 时

C. 当 $KV\leqslant V_c$ 时　　D. 当 $KV\leqslant1.2V_c$ 时

199. 下列哪种情况下,箍筋的配置应满足它的最小配箍率 ρ_{svmin} 要求? (　　)

A. 当 $KV>0.7V_c$ 时　　B. 当 $KV>0.8V_c$ 时

C. 当 $KV>V_c$ 时　　D. 当 $KV>1.2V_c$ 时

200. 当 $KV>V_c$ 时,对 HPB235 级钢筋,箍筋的最小配箍率 ρ_{svmin} 取值应为下列哪项? (　　)

A. 0.10%　　B. 0.12%

C. 0.15%　　D. 0.20%

201. 当 $KV>V_c$ 时,对 HRB335 级钢筋,箍筋的最小配箍率 ρ_{svmin} 取值应为下列哪项? (　　)

A. 0.10%　　B. 0.12%

C. 0.15%　　D. 0.20%

202. 一般的钢筋混凝土构件总是带裂缝工作,但过宽的裂缝会产生哪些不利影响? (　　)

A. 影响外观并使人们在心理上产生不安全感

B. 在裂缝处,缩短了混凝土碳化到达钢筋表面的时间,导致钢筋提早锈蚀,特别是在海岸建筑物受浪溅或盐雾影响的部位,海水中的氯离子会通过裂缝渗入混凝土内部,加速钢筋锈蚀,影响结构的耐久性

C. 当水头较大时,渗入裂缝的水压会使裂缝进一步扩展,甚至会影响到结构的承载力

D. 以上三项全是

203. 对矩形、T 形及 I 形截面的一般梁板构件,如能满足下列哪个条件,则不需进行

斜截面抗剪计算，按构造要求配置腹筋？（　　）

A. $KV \leqslant 0.7 f_t b h_0$　　B. $KV \leqslant 0.6 f_t b h_0$

C. $KV \leqslant 0.5 f_t b h_0$　　D. $KV \leqslant 0.4 f_t b h_0$

204. 对以集中荷载为主的矩形截面独立梁，如能满足下列哪个条件，则不需进行斜截面抗剪计算，按构造要求配置腹筋？（　　）

A. $KV \leqslant 0.7 f_t b h_0$　　B. $KV \leqslant 0.6 f_t b h_0$

C. $KV \leqslant 0.5 f_t b h_0$　　D. $KV \leqslant 0.4 f_t b h_0$

205. 第一排弯起钢筋上弯点距支座边缘的距离应满足下列哪项条件？（　　）

A. $0 \leqslant s \leqslant s_{max}$　　B. 50 mm $\leqslant s \leqslant s_{max}$

C. 50 mm $\leqslant s \leqslant$ 250 mm　　D. 50 mm $\leqslant s \leqslant$ 300 mm

206. 钢筋的实际截断点到充分利用点的距离 l_d 应满足下列哪项规定？（　　）

A. 当 $KV \leqslant V_c$ 时，$l_d \geqslant 1.0 l_a$　　B. 当 $KV \leqslant V_c$ 时，$l_d \geqslant 1.1 l_a$

C. 当 $KV \leqslant V_c$ 时，$l_d \geqslant 1.2 l_a$　　D. 当 $KV \leqslant V_c$ 时，$l_d \geqslant 1.3 l_a$

207. 钢筋的实际切断点应伸过其理论切断点，延伸长度（$KV \leqslant V_c$ 时）不小于下列哪项？（　　）

A. $10d$　　B. $15d$

C. $20d$　　D. $30d$

208. 为了保证梁正截面及斜截面的抗弯强度，在作弯矩抵抗图时，应保证下列哪项？（　　）

A. 弯起点距该根钢筋的充分利用点距离 $\geqslant h_0/2$

B. 弯起点距该根钢筋的充分利用点距离 $< h_0/2$

C. 弯起点距该根钢筋的充分利用点距离 $\geqslant h_0/2$，且弯矩抵抗图不进入弯矩图中

D. 弯起点距该根钢筋的充分利用点距离 $< h_0/2$，且弯矩抵抗图不进入弯矩图中

209. 简支梁下部纵向受力钢筋伸入支座的锚固长度应符合下列哪项要求？（　　）

A. 当 $KV > V_c$ 时，$l_{as} \geqslant 10d$（带肋钢筋）　　B. 当 $KV > V_c$ 时，$l_{as} \geqslant 12d$（带肋钢筋）

C. 当 $KV > V_c$ 时，$l_{as} \geqslant 15d$（带肋钢筋）　　D. 当 $KV > V_c$ 时，$l_{as} \geqslant 20d$（带肋钢筋）

210. 提高梁的斜截面受剪承载力最有效的措施是下列哪项？（　　）

A. 提高混凝土强度等级　　B. 加大截面宽度

C. 加大截面高度　　D. 增加箍筋或弯起钢筋

211. 简支梁下部纵向受力钢筋伸入支座的锚固长度应符合下列哪项条件？（　　）

A. 当 $KV > V_c$ 时，$l_{as} \geqslant 10d$（光圆钢筋）　　B. 当 $KV > V_c$ 时，$l_{as} \geqslant 12d$（光圆钢筋）

C. 当 $KV > V_c$ 时，$l_{as} \geqslant 15d$（光圆钢筋）　　D. 当 $KV > V_c$ 时，$l_{as} \geqslant 20d$（光圆钢筋）

212. 进行钢筋混凝土简支梁挠度验算时，应取下列哪个截面的刚度？（　　）

A. 支座截面　　B. 跨中截面

C. 1/4 跨截面　　D. 1/3 跨截面

213. 正常使用极限状态验算不包括下列哪项验算？（　　）

A. 变形验算　　B. 抗裂验算

C. 抗剪验算　　D. 裂缝宽度验算

214. 提高钢筋混凝土构件抗裂能力的措施不包括下列哪项？（　　）

A. 加大截面尺寸　　B. 提高混凝土强度

C. 采用预应力混凝土结构　　D. 多配钢筋

215. 减小钢筋混凝土结构构件裂缝宽度的措施不包括下列哪项？（　　）

A. 适当减小钢筋直径　　B. 适当增加配筋量

C. 增大水灰比　　D. 采用预应力混凝土结构

216. 减小钢筋混凝土结构梁板构件挠度的措施不包括下列哪项？（　　）

A. 增加截面尺寸　　B. 减小配筋量

C. 提高混凝土强度　　D. 选择合理截面

217. 下列表述中，错误的是哪项？（　　）

A. 规范验算的裂缝宽度是指钢筋重心处构件侧表面的裂缝宽度

B. 增加板厚或提高混凝土的强度等级不能提高钢筋混凝土板的抗裂性能

C. 解决混凝土裂缝问题最根本的措施是施加预应力

D. 钢筋混凝土构件的迎水面需进行抗裂验算

218. 甲、乙两人设计同一根屋面大梁。甲设计的大梁出现了多条裂缝，最大裂缝宽度约为 0.15 mm；乙设计的大梁只出现一条裂缝，但最大裂缝宽度达到 0.43 mm。你认为下列哪项是正确的？（　　）

A. 甲的设计比较差　　B. 甲的设计比较好

C. 两人的设计各有优劣　　D. 两人的设计都不好

219. 为减小构件的裂缝宽度，宜选用下列哪种钢筋？（　　）

A. 大直径钢筋　　B. 带肋钢筋

C. 光圆钢筋　　D. 高强钢筋

220. 一钢筋混凝土梁，原设计配置 4 Φ 20，能满足承载力、裂缝宽度和挠度要求。现根据等强原则用 2 Φ 28 替代（等面积代换），那么钢筋代换后下列哪项叙述是正确的？（　　）

A. 仅需重新验算裂缝宽度，不需验算挠度

B. 不必验算裂缝宽度，而需重新验算挠度

C. 两者都必须重新验算

D. 两者都不必重新验算

221. 衡量裂缝开展宽度是否超过允许值，应以下列哪项为准？（　　）

A. 最大宽度　　B. 最小宽度

C. 平均宽度　　D. 允许宽度

222. 平均裂缝宽度是指两条相邻裂缝之间钢筋与混凝土的下列哪项之差？（　　）

A. 强度　　B. 挠度

C. 拉伸变形　　D. 压缩变形

223. 钢筋混凝土结构施工图不包括下列哪项？（　　）

A. 平面图　　B. 配筋图

C. 钢筋表　　D. 说明与附注

224. 钢筋表不包括下列哪项内容？ (　　)

A. 钢筋根数　　B. 钢筋质量

C. 钢筋直径　　D. 钢筋间距

225. 钢筋混凝土结构图说明中不包括下列哪项内容？ (　　)

A. 混凝土保护层厚度　　B. 钢筋级别

C. 混凝土强度等级　　D. 弯矩值

226. 图 3-1 中钢筋弯钩取 6.25d，则该钢筋的长度哪项最合适？ (　　)

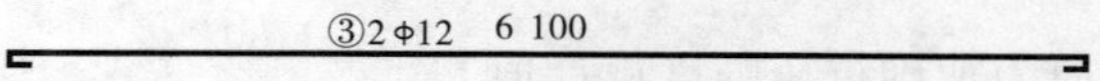

图 3-1

A. 6 020 mm　　B. 6 140 mm

C. 6 170 mm　　D. 6 250 mm

227. 某钢筋混凝土梁的配筋图如图 3-2 所示，①号钢筋直径为 16 mm，c = 30 mm，单根箍筋的长度最少应为下列哪项？ (　　)

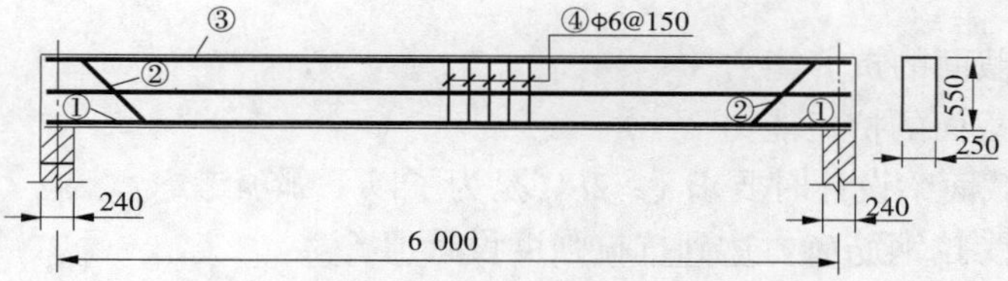

图 3-2

A. 1 400 mm　　B. 1 460 mm

C. 1 520 mm　　D. 1 540 mm

228. 某钢筋混凝土梁的配筋图如图 3-2 所示，①号钢筋直径为 16 mm，钢筋端部保护层厚度为 20 mm，①号钢筋的单根长度下列哪项最合适？ (　　)

A. 6 000 mm　　B. 6 200 mm

C. 6 300 mm　　D. 6 400 mm

229. 某钢筋混凝土梁的配筋图如图 3-2 所示，①号钢筋直径为 16 mm，钢筋端部保护层厚度为 25 mm，①号钢筋的单根长度下列哪项最合适？ (　　)

A. 6 000 mm　　B. 6 190 mm

C. 6 300 mm　　D. 6 400 mm

230. 双筋截面的应用条件不包括下列哪项？ (　　)

A. 截面承受的弯矩很大

B. 构件同一截面既承受正弯矩，又承受负弯矩

C. 有抗震要求

D. 截面剪力很大时

231. 双筋截面受弯构件正截面承载力计算公式适用条件 $x \geqslant 2a'_s$ 是为了保证下列哪项？（　）

A. 受压钢筋应力达到抗压强度设计值 f'_y

B. 受拉钢筋应力达到抗拉强度设计值 f_y

C. 受压混凝土达到抗压强度设计值 f_c

D. 受压混凝土达到极限压应变

232. 双筋截面受弯构件正截面承载力计算公式适用条件 $x \leqslant 0.85\xi_b h_0$ 是为了保证下列哪项？（　）

A. 受压钢筋应力达到抗压强度设计值 f'_y

B. 受拉钢筋应力达到抗拉强度设计值 f_y

C. 受压混凝土达到抗压强度设计值 f_c

D. 受压混凝土达到极限压应变

233. 双筋截面中的受压钢筋的作用是下列哪项？（　）

A. 帮助受拉钢筋承担拉力

B. 帮助受压区混凝土承受压力，提高构件截面受弯承载力，改善结构的抗震性能

C. 提高截面的抗剪能力

D. 提高截面的抗扭能力

234. 在双筋截面梁设计时要求 $x \geqslant 2a'_s$，是为了以下哪项考虑？（　）

A. 保证受拉钢筋应力达到抗拉强度设计值 f_y

B. 保证受拉钢筋应力达到抗压强度设计值 f'_y

C. 保证受压钢筋应力达到抗压强度设计值 f'_y

D. 防止受压钢筋应力达到抗压强度设计值 f'_y

235. 以下哪种情况属于第二类 T 形截面？（　）

A. $x<h'_f$　　B. $x=h'_f$

C. $x>h'_f$　　D. $x=0$

236. 以下哪种情况属于第一类 T 形截面？（　）

A. $x \leqslant h'_f$　　B. $x \geqslant h'_f$

C. $x>h'_f$　　D. $x=0$

237. T 形截面的判别应以下列哪项为依据？（　）

A. 受压区为 T 形　　B. 受拉区为 T 形

C. 受压区为倒 T 形　　D. 受拉区为矩形

238. 某简支梁截面为倒 T 形，其正截面承载力计算应按下列哪种截面进行计算？（　）

A. 第一类 T 形截面　　B. 第二类 T 形截面

C. 矩形截面　　D. T 形截面

239. T 形截面梁纵向受力钢筋配筋率的计算公式应为下列哪项？（　）

A. $\rho=A_s/(bh_0)\times100\%$　　B. $\rho=A_s/(bh)\times100\%$

C. $\rho=A_s/(b'_f h_0)\times100\%$　　D. $\rho=A_s/(b'_f h)\times100\%$

240. 若提高 T 形梁的混凝土强度等级,在下列各判断中你认为哪项是不正确的?（　）

A. 梁的受弯承载力有提高　　B. 梁的抗裂性有提高

C. 梁的最大裂缝宽度显著减小　　D. 对梁的挠度影响不大

241. 某钢筋混凝土梁的配筋图如图 3-3 所示,其中架立钢筋是下列哪项?（　）

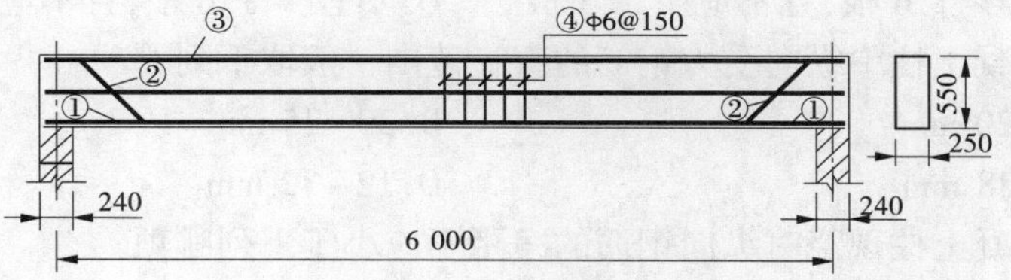

图 3-3

A. ①号　　B. ②号

C. ③号　　D. ④号

242. 某钢筋混凝土梁的配筋图如图 3-3 所示,其中箍筋是下列哪项?（　）

A. ①号　　B. ②号

C. ③号　　D. ④号

243. 在水工建筑中,现浇立柱的边长不宜小于下列哪项?（　）

A. 200 mm　　B. 250 mm

C. 300 mm　　D. 400 mm

244. 钢筋混凝土柱截面边长在 800 mm 及以下时,以下哪项为模数递增?（　）

A. 50 mm　　B. 100 mm

C. 150 mm　　D. 200 mm

245. 钢筋混凝土柱截面边长在 800 mm 以上时,以下哪项为模数递增?（　）

A. 50 mm　　B. 100 mm

C. 150 mm　　D. 200 mm

246. 轴心受压构件(矩形截面)的纵向钢筋宜沿截面四周均匀布置,根数不得少于几根?并应取偶数。（　）

A. 2　　B. 4　　C. 6　　D. 8

247. 轴心受压构件全部纵向钢筋(HRB335 级)配筋率不应小于下列哪项数值?（　）

A. 0.15%　　B. 0.20%

C. 0.4%　　D. 0.6%

248. 受压构件中,受力钢筋的直径不宜小于下列哪项?（　）

A. 10 mm　　B. 12 mm

C. 14 mm　　D. 16 mm

249. 当柱中全部纵向受力钢筋的配筋率超过 3%时,箍筋直径不宜小于下列哪项数值?（　　）

A. 5 mm　　B. 6 mm

C. 8 mm　　D. 10 mm

250. 圆形柱中纵向钢筋根数是如何规定的?（　　）

A. 不宜少于 8 根,且不应少于 6 根　　B. 不宜少于 7 根,且不应少于 5 根

C. 不宜少于 6 根,且不应少于 5 根　　D. 不宜少于 6 根,且不应少于 4 根

251. 钢筋混凝土柱中纵向受力钢筋的直径范围一般取下列哪项?（　　）

A. 12~20 mm　　B. 20~25 mm

C. 12~28 mm　　D. 12~32 mm

252. 钢筋混凝土柱现浇时纵向钢筋的净距不应小于下列哪项?（　　）

A. 25 mm　　B. 30 mm

C. 50 mm　　D. 70 mm

253. 钢筋混凝土柱纵向钢筋的中距不应大于下列哪项?（　　）

A. 200 mm　　B. 250 mm

C. 300 mm　　D. 400 mm

254. 当偏心受压柱的截面高度大于下列哪项时,侧面应设置纵向构造钢筋?（　　）

A. 500 mm　　B. 600 mm

C. 700 mm　　D. 800 mm

255. 下列哪项不属于柱中箍筋的作用?（　　）

A. 保证纵向钢筋的位置正确

B. 防止纵向钢筋受压时向外弯凸和混凝土保护层横向胀裂剥落

C. 抵抗剪力,提高柱的承载能力

D. 抵抗弯矩

256. 在配置普通箍筋的混凝土轴心受压构件中,下列哪项不是箍筋的主要作用?（　　）

A. 帮助混凝土受拉

B. 提高构件的受剪承载力

C. 防止纵筋在混凝土压碎之前压屈

D. 对混凝土提供侧向约束,提高构件的承载力

257. 下列关于柱内箍筋的间距,叙述错误的是哪项?（　　）

A. 不应大于构件截面的短边尺寸

B. 不应大于 400 mm

C. 在绑扎骨架中不应大于 15d,在焊接骨架中不应大于 20d(d 为纵向钢筋的最小直径)

D. 不应大于 300 mm

258. 符合下列哪项时,柱内应设置复合箍筋?（　　）

A. 当柱截面短边尺寸大于 400 mm,且各边纵向钢筋多于 3 根

B. 当柱截面短边尺寸大于 400 mm,且各边纵向钢筋多于 4 根
C. 当柱截面短边尺寸大于 400 mm,且各边纵向钢筋多于 5 根
D. 当柱截面短边尺寸大于 400 mm,且各边纵向钢筋多于 6 根

259. 符合下列哪项时,柱内应设置复合箍筋? ( )
A. 当柱截面短边尺寸不大于 400 mm,但各边纵向钢筋多于 8 根
B. 当柱截面短边尺寸不大于 400 mm,但各边纵向钢筋多于 6 根
C. 当柱截面短边尺寸不大于 400 mm,但各边纵向钢筋多于 5 根
D. 当柱截面短边尺寸不大于 400 mm,但各边纵向钢筋多于 4 根

260. 当柱内纵向钢筋接头采用绑扎搭接时,在搭接范围内的箍筋应适当采取下列哪项措施? ( )
A. 加密 B. 减少
C. 增大直径 D. 增加肢数

261. 关于受压构件的材料,下列说法中哪项是正确的? ( )
A. 宜采用高强度等级的混凝土,以减小构件截面尺寸
B. 宜采用高强度等级的混凝土以及高强钢筋
C. 宜采用高强钢筋、低强度等级的混凝土
D. 宜采用低强度等级的混凝土以及低强度钢筋

262. 关于轴心受压柱的纵筋,下列说法中哪项是错误的? ( )
A. 可以协助混凝土承受压力,以减小构件尺寸
B. 应沿截面四周均匀对称布置
C. 可防止构件突然的脆性破坏
D. 宜采用多根数、小直径的钢筋

263. 下列哪种情况属于短柱? ( )
A. $l_0/b\leqslant6$ B. $l_0/b\leqslant8$
C. $l_0/b>6$ D. $l_0/b>8$

264. 下列哪种情况属于长柱? ( )
A. $l_0/b\leqslant6$ B. $l_0/b\leqslant8$
C. $l_0/b>6$ D. $l_0/b>8$

265. 当轴压柱的长细比很大时,易发生下列哪项破坏? ( )
A. 压碎破坏 B. 弯曲破坏
C. 失稳破坏 D. 断裂破坏

266. 轴压构件稳定系数 φ 主要与下列哪项因素有关? ( )
A. 长细比 B. 混凝土强度等级
C. 钢筋强度 D. 纵筋配筋率

267. 某钢筋混凝土轴心受压柱,其 $l_0/b=7.5$,则其稳定系数取值应为下列哪项?
( )
A. $\varphi=1.0$ B. $\varphi<1.0$
C. $\varphi>1.0$ D. A+B

268. 钢筋混凝土柱子的延性好坏主要取决于下列哪项? ( )

A. 纵向钢筋的数量　　B. 混凝土的强度

C. 柱子的长细比　　D. 箍筋的数量和形式

269. 螺旋箍筋柱与普通箍筋柱相比,二者延性关系为下列哪项? ( )

A. 螺旋箍筋柱延性好　　B. 普通箍筋柱延性好

C. 二者延性相同　　D. 无法比较

270. 对钢筋混凝土轴心受压柱,当纵向钢筋配筋率大于下列哪项时,公式中混凝土面积应改用混凝土净截面面积? ( )

A. 1%　　B. 2%

C. 2.5%　　D. 3%

271. 某钢筋混凝土轴心受压柱,下列哪项配筋是正确的? ( )

A. 8 Φ 20　　B. 7 Φ 20

C. 6 Φ 20　　D. 5 Φ 20

272. 非对称配筋矩形截面柱,属大偏心受压构件的条件是下列哪项? ( )

A. $\eta e_0 > 0.4h_0$　　B. $x \leqslant \xi_b h_0$

C. $x \geqslant 2a'_s$　　D. $\eta e_0 \leqslant 0.3h_0$

273. 非对称配筋矩形截面柱,属小偏心受压构件的条件是下列哪项? ( )

A. $\eta e_0 < 0.2h_0$　　B. $x > \xi_b h_0$

C. $x \geqslant 2a'_s$　　D. $\eta e_0 \leqslant 0.4h_0$

274. 大偏心受压发生的条件是下列哪项? ( )

A. 偏心距较大,且受拉区配置的受拉钢筋数量适当

B. 偏心距较大,且受拉区配置的受拉钢筋数量过多

C. 偏心距较小,且受拉区配置的受拉钢筋数量适当

D. 偏心距较小,且受拉区配置的受拉钢筋数量较少

275. 钢筋混凝土大偏心受压构件的破坏特征是下列哪项? ( )

A. 远离轴向力作用一侧的钢筋达到屈服强度,随后压区混凝土被压碎,受压钢筋亦达到屈服强度

B. 远离轴向力作用一侧的钢筋应力不定,而另一侧钢筋受压屈服,混凝土被压碎

C. 靠近轴向力作用一侧的钢筋和混凝土应力不定,而另一侧受拉钢筋达到屈服强度

D. 靠近轴向力作用一侧的钢筋应力达到屈服强度,而另一侧受拉钢筋应力不定

276. 矩形截面大偏心受压构件截面设计时令 $x=\xi_b h_0$,下列说法中哪项是正确的? ( )

A. 保证不发生小偏心受压构件

B. 保证破坏时,远离轴向力作用一侧的钢筋应力能达到屈服强度

C. 使钢筋用量最少

D. 使混凝土用量最少

277. 大偏心受压构件与小偏心受压构件破坏的共同点是下列哪项? ( )

A. 受压混凝土破坏　　B. 受压钢筋达到屈服强度

C. 受拉区混凝土拉裂　　D. 远离纵向力一侧钢筋受拉

278. 小偏心受压破坏的特点是下列哪项？（　）

A. 靠近轴向压力一侧的受压混凝土未被压碎，该侧纵向受压钢筋应力达到抗压屈服强度

B. 靠近轴向压力一侧的受压混凝土首先被压碎，该侧纵向受压钢筋应力也达到抗压屈服强度

C. 靠近轴向压力一侧的受压混凝土首先被压碎，该侧纵向受压钢筋应力未达到抗压屈服强度

D. 靠近轴向压力一侧的受压混凝土未被压碎，该侧纵向受压钢筋应力未达到抗压屈服强度

279. 当 $l_0/h \leqslant 8$ 时，属于短柱，则其偏心距增大系数 η 取值应为下列哪项？（　）

A. $\eta<1.0$　　B. $\eta>1.0$

C. $\eta=1.0$　　D. 不确定

280. 某钢筋混凝土大偏心受压柱，其 $l_0/h=7.5$，则其偏心距增大系数取值应为下列哪项？（　）

A. $\eta<1.0$　　B. $\eta=1.0$

C. $\eta>1.0$　　D. 不确定

281. 图 3-4 为某钢筋混凝土大偏心受压柱配筋图，一般情况下，下列哪项是受拉钢筋？（　）

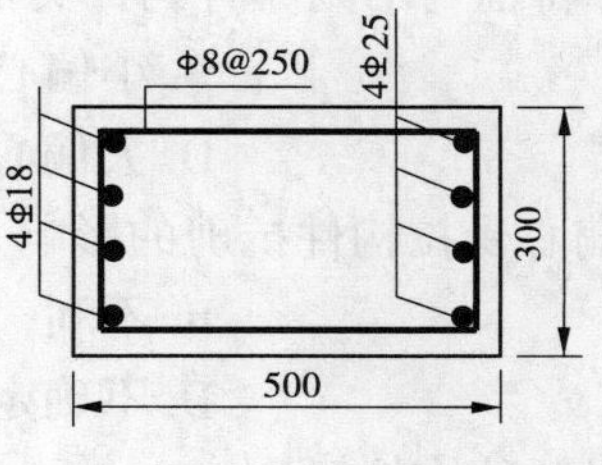

图 3-4

A. 4 Φ 25　　B. 4 Φ 18

C. Φ 8@ 250　　D. A+B

282. 图 3-4 为某钢筋混凝土大偏心受压柱配筋图，一般情况下，下列哪项是受压钢筋？（　）

A. 4 Φ 25　　B. 4 Φ 18

C. Φ 8@ 250　　D. A+B

283. 矩形截面小偏心受压构件截面设计时，A_s 可按最小配筋率及构造要求配置，下列说法中哪项是正确的？（　）

A. 保证构件破坏时，A_s 的应力达到屈服强度，以充分利用钢筋的抗拉作用

B. 保证构件破坏不是从 A_s 一侧先被压坏引起的

C. 节约钢筋用量,因为构件破坏时 A_s 的应力一般达不到屈服强度

D. 简化设计过程

284. 矩形截面偏心受压构件对称配筋的优点是下列哪项? ( )

A. 构造复杂　　B. 多用钢筋

C. 施工复杂　　D. 施工方便

285. 轴向压力对构件抗剪强度的影响,下列说法中哪项是正确的? ( )

A. 轴向压力可大幅度降低构件的抗剪强度

B. 轴向压力对构件抗剪强度影响不大

C. 轴向压力可有限降低构件的抗剪强度

D. 轴向压力对受剪承载力的有利作用是有限度的

286. 大偏心受拉构件的判别推荐是下列哪项? ( )

A. $e_0<h/2-a_s$　　B. $e_0\leqslant h/2-a_s$

C. $e_0>h/2-a_s$　　D. $e_0\geqslant h/2-a_s$

287. 小偏心受拉构件的判别推荐是下列哪项? ( )

A. $e_0<h/2-a_s$　　B. $e_0\leqslant h/2-a_s$

C. $e_0>h/2-a_s$　　D. $e_0\geqslant h/2-a_s$

288. 若已知大偏心受拉构件受压钢筋截面面积 A'_s,计算出 $\xi>0.85\xi_b$,原因是下列哪项? ( )

A. A'_s 过大　　B. A'_s 过小

C. A_s 过大　　D. A_s 过小

289. 大偏心受拉构件的破坏特征与下列哪种构件类似? ( )

A. 小偏心受拉　　B. 小偏心受压

C. 受剪　　D. 大偏心受压

290. 轴向拉力 N 的存在对偏心受拉构件抗剪的影响是下列哪项? ( )

A. 有利　　B. 不利

C. 还要看其他条件　　D. 不确定

291. 矩形水池侧墙属于下列哪种构件? ( )

A. 轴心受拉构件　　B. 小偏心受压构件

C. 大偏心受压构件　　D. 大偏心受拉构件

292. 周边支承的钢筋混凝土板,设其长边跨度为 l_2,短边跨度为 l_1,下列哪项属于单向板? ( )

A. $l_2/l_1\geqslant 2$　　B. $l_2/l_1<2$

C. $l_2/l_1\geqslant 3$　　D. $l_2/l_1<3$

293. 次梁跨度一般是下列哪项? ( )

A. 2~3 m　　B. 3~4 m

C. 4~6 m　　D. 5~8 m

294. 按弹性理论计算现浇单向板肋梁楼盖时,对板和次梁应采用折算荷载的原因是下列哪项? ( )

A. 实际上板及次梁存在塑性内力重分布的有利影响

B. 实际支座并非理想铰支座而带来的误差的一种修正办法

C. 计算时忽略了长边方向也能传递一部分荷载而进行的修正办法

D. 活荷载最不利布置的情况在实际当中出现的可能性不大

295. 现浇整体式板采用分离式配筋较弯起式配筋的优点是下列哪项？ （ ）

A. 整体性好　　B. 节省钢筋

C. 施工方便　　D. 承受动力性能好

296. 整浇肋型楼盖板嵌入墙内时，沿墙边设板面附加钢筋，其作用是下列哪项？ （ ）

A. 加强板与次梁的连接　　B. 承担板上局部荷载

C. 承担未计及的负弯矩　　D. 承担未计及的正弯矩

297. 某五跨连续板，若求第二个支座的最大负弯矩，则板上的可变荷载应按下列哪项布置？ （ ）

A. 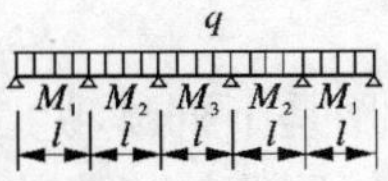

B. 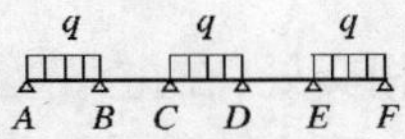

C. 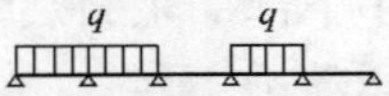

D. 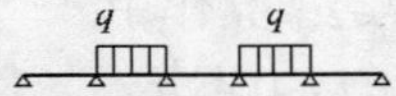

298. 某单向板肋形结构，板上承受的永久荷载标准值 $g_k = 4\ \text{kN/m}^2$，可变荷载标准值为 $q_k = 6\ \text{kN/m}^2$，板的折算永久荷载标准值为下列哪项？ （ ）

A. 7 kN/m^2　　B. 6 kN/m^2

C. 5.5 kN/m^2　　D. 5 kN/m^2

299. 如果连续板、梁的跨度不相等，但相差不超过下列哪项时，也可用等跨度的内力系数表进行计算？ （ ）

A. 5%　　B. 10%

C. 15%　　D. 20%

300. 对于四周与梁整体连接的板，考虑拱的作用，其中间跨的跨中截面及中间支座截面的计算弯矩可减小的数值为下列哪项？ （ ）

A. 5%　　B. 10%

C. 15%　　D. 20%

301. 对于钢筋混凝土连续板的上部负钢筋，为了保证施工时钢筋的设计位置，当板厚小于下列哪项数值时，宜做成直抵模板的直钩？ （ ）

A. 80 mm　　B. 100 mm

C. 120 mm　　D. 150 mm

302. 板中伸入支座下部的钢筋，其间距不大于 400 mm，其截面面积不应小于跨中受力钢筋截面面积的比例为下列哪项？ （ ）

A. 1/6　　B. 1/5

C. 1/4　　D. 1/3

303. 次梁纵向钢筋弯起与截断的数量和位置，原则上应按抵抗弯矩图来确定，但当次

梁的跨度相等或相差不超过 20%,且 q_k/g_k 小于等于下列哪项时,可按经验布置确定?（　　）

A. 2　　B. 3　　C. 4　　D. 5

304. 某五跨连续梁,欲求第二个支座的最大负弯矩,则梁上的可变荷载布置应为下列哪项?（　　）

A. 1、2 跨　　B. 1、3、5 跨
C. 2、4 跨　　D. 1、2、4 跨

305. 某五跨连续梁,欲求第二个支座的最大剪力,则梁上的可变荷载应布置在下列哪几跨?（　　）

A. 1、2　　B. 1、3、5　　C. 2、4　　D. 1、2、4

306. 当钢筋混凝土连续梁或板与支座整体浇筑时,其支座附近最危险的截面是在下列哪个位置?（　　）

A. 支座边缘　　B. 支座中心
C. 跨中截面　　D. 不一定

307. 次梁与主梁相交处,在主梁上设附加箍筋或吊筋,作用是下列哪项?（　　）

A. 构造要求,起架立作用　　B. 防止主梁中下部产生斜裂缝
C. 次梁受剪承载力不足　　D. 主梁受剪承载力不足

308. 当主梁与柱整体连接时,节点处梁与柱的线刚度之比为下列哪项时,可按连续梁计算?（　　）

A. 小于 2　　B. 大于 2
C. 小于 4　　D. 大于 4

309. 图 3-5 为某单向板配筋图,则第二跨跨中受力钢筋是下列哪项?（　　）

A. ①ф 10@170　　B. ②ф 8@170
C. ③ф 10@170　　D. ④ф 8@340

310. 图 3-5 为某单向板配筋图,则第一跨跨中受力钢筋是下列哪项?（　　）

A. ①ф 10@170　　B. ②ф 8@170
C. ③ф 10@170　　D. ④ф 8@340

311. 图 3-5 为某单向板配筋图,则第一内支座受力钢筋是下列哪项?（　　）

A. ①ф 10@170　　B. ②ф 8@170
C. ③ф 10@170　　D. ④ф 8@340

312. 图 3-5 为某单向板配筋图,则主梁上部的构造钢筋是下列哪项?（　　）

A. ①ф 10@170　　B. ②ф 8@170
C. ③ф 10@170　　D. ⑨ф 8@200

313. 图 3-6 为某双向板配筋图,则 B 区格中短边跨中受力钢筋是下列哪项?（　　）

A. ②Φ 10@200　　B. ⑤Φ 12@200
C. ⑥Φ 10@100　　D. ①Φ 10@100

314. 计算连续双向板时,在满布的荷载 p' 作用下,因为荷载对称,可近似认为板的中间支座都是下列哪项支座?（　　）

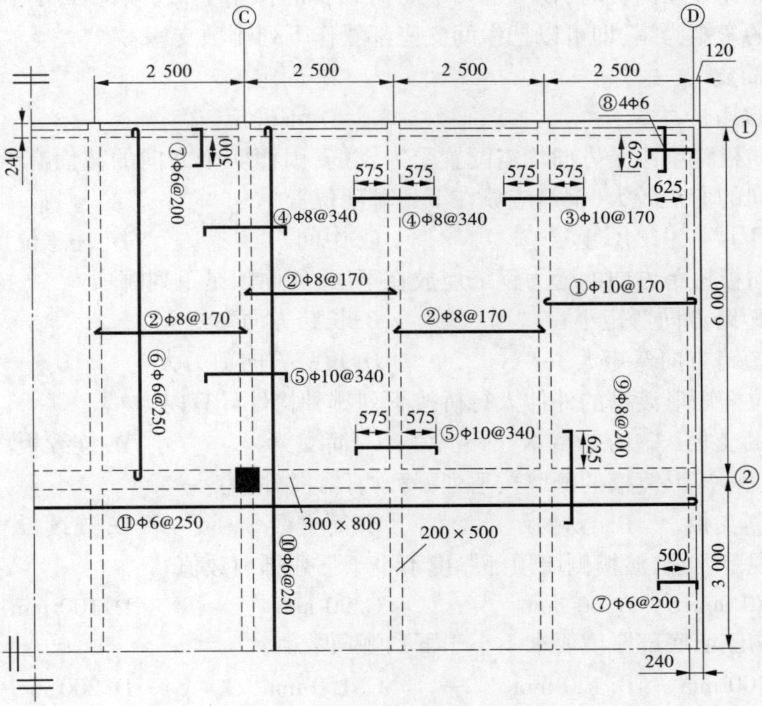

图 3-5

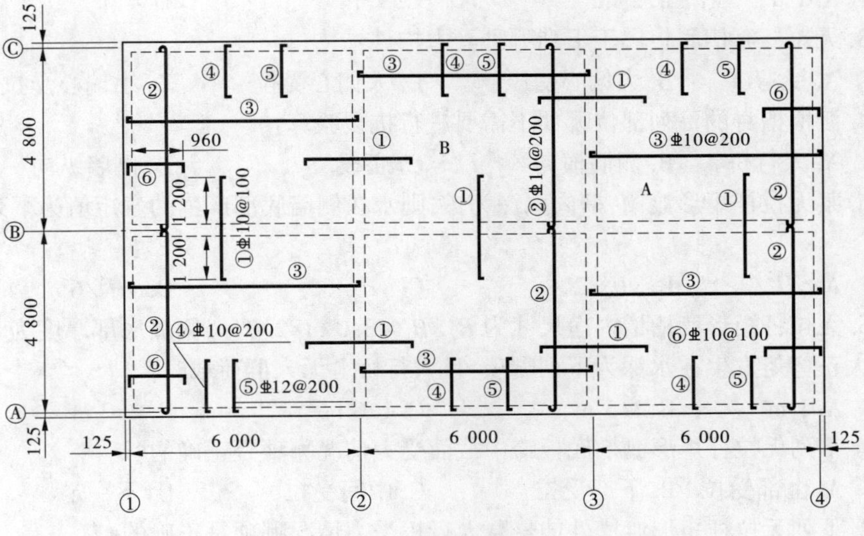

图 3-6

A. 简支　　　　B. 固定

C. 铰支　　　　D. 自由

315. 计算连续双向板时，在一上一下的荷载 p''的作用下，近似符合反对称关系，可认为中间支座的弯矩为零，即可以把中间支座都看作下列哪项支座？（ ）

A. 简支　　B. 固定
C. 自由　　D. 不确定

316. 双向板跨中两个方向均需配置受力钢筋，因而两个方向的截面有效高度是不同的。短跨方向的弯矩较大，钢筋应放在下列哪项位置？（ ）

A. 下层　　B. 上层　　C. 中间　　D. 任意位置

317. 双向板短跨方向的受力钢筋应放在下层，其原因是下列哪项？（ ）

A. 短跨方向弯矩小　　B. 长跨方向弯矩大
C. 短跨方向弯矩大　　D. 短跨方向剪力大

318. 无拉杆矩形渡槽的外伸人行桥按下列哪种构件计算内力？（ ）

A. 简支板　　B. 悬臂板　　C. 简支梁　　D. 连续板

319. 无拉杆矩形渡槽的侧墙按下列哪种构件计算内力？（ ）

A. 简支板　　B. 悬臂板　　C. 简支梁　　D. 连续板

320. 按规范要求，渡槽侧墙顶部厚度不小于下列哪项数值？（ ）

A. 70 mm　　B. 80 mm　　C. 90 mm　　D. 100 mm

321. 渡槽侧墙底部厚度要求不小于下列哪项数值？（ ）

A. 100 mm　　B. 120 mm　　C. 150 mm　　D. 200 mm

322. 当渡槽侧墙较高时，弯矩 M 变化较大，为了节约材料，一般取几个截面来进行计算？（ ）

A. 1 个　　B. 2 个　　C. 3 个　　D. 4 个

323. 无拉杆渡槽底板属于下列哪种受力构件？（ ）

A. 受弯　　B. 大偏心受压　　C. 大偏心受拉　　D. 小偏心受拉

324. 渡槽槽身的下列部位哪项不需要进行抗裂验算？（ ）

A. 人行桥　　B. 侧墙横向　　C. 底板　　D. 侧墙纵向

325. 某无拉杆矩形渡槽，槽内水深为 H，则水在侧墙底部产生的弯矩值为下列哪项？（ ）

A. $\gamma H^3/2$　　B. $\gamma H^2/2$　　C. $\gamma H^3/6$　　D. $\gamma H^2/6$

326. 无拉杆矩形渡槽槽内净尺寸为 $B_n \times H_n = 3.0\ \text{m} \times 2.0\ \text{m}$，侧墙底部厚度为 200 mm，跨中最大正弯矩发生在水深为下列哪项，且人行桥上无人群荷载时？（ ）

A. 1 m　　B. 1.5 m　　C. 1.6 m　　D. 2.0 m

327. 下列无拉杆矩形渡槽底板跨中截面受力情况哪项是正确的？（ ）

A. 上部受拉　　B. 下部受拉　　C. 中间受拉　　D. 不一定

328. 下列无拉杆矩形渡槽外伸悬臂人行桥受力情况哪项是正确的？（ ）

A. 上部受拉　　B. 下部受拉
C. 远端弯矩最大　　D. 根部弯矩最小

329. 下列无拉杆矩形渡槽底板支座截面受力情况哪项是正确的？（ ）

A. 上部受拉　　B. 下部受拉　　C. 中间受拉　　D. 不一定